应用型本科计算机类专业系列教材

Arduino 零基础 C 语言编程

主编 孙秋凤 李 霞 王 庆

西安电子科技大学出版社

内 容 简 介

本书是基于 Arduino 设计的入门书籍,书中讲解了 Arduino 的语法和各种案例,主要包括 Arduino 的编程语法知识、基础传感器的实验应用及智能四驱小车开发。

本书内容图文并茂,实践性强,非常适合零基础的初学者学习,也可作为高等院校学生的自学教材,同时也适合电子技术爱好者和技术人员阅读。希望本书能够引领更多的 Arduino 爱好者进入 Arduino 的精彩世界。

图书在版编目(CIP)数据

Arduino 零基础 C 语言编程 / 孙秋凤,李霞,王庆主编. —西安:
西安电子科技大学出版社,2018.9 (2022.5 重印)
ISBN 978–7–5606–5046–3

Ⅰ. ①A… Ⅱ. ①孙… ②李… ③王… Ⅲ. ①单片微型计算机—C 语言—程序设计 Ⅳ. ①TP368.1 ②TP312.8

中国版本图书馆 CIP 数据核字(2018)第 179712 号

策　　划	陆　滨
责任编辑	阎　彬
出版发行	西安电子科技大学出版社(西安市太白南路2号)
电　　话	(029)88202421　88201467　　邮　编　710071
网　　址	www.xduph.com　　　　　　　电子邮箱　xdupfxb001@163.com
经　　销	新华书店
印刷单位	陕西天意印务有限责任公司
版　　次	2018 年 9 月第 1 版　2022 年 5 月第 3 次印刷
开　　本	787 毫米×1092 毫米　1/16　印张 10.75
字　　数	252 千字
印　　数	4001～6000 册
定　　价	28.00 元

ISBN 978 – 7 – 5606 – 5046 – 3 / TP

XDUP 5348001-3

*** 如有印装问题可调换 ***

前　言

Arduino 是开源电子原型制作平台，包括一个简单易用的电路板以及一个软件开发环境。

Arduino 既可以独立运行，又具备互动性。它可以与 PC 的外围装置相连接，还能与 PC 软件进行沟通。它在设计爱好者中间引发了一场风暴。

对 Arduino 的探索是一个简单有趣而且丰富多彩的过程。本书利用 Arduino 开发板做了很多有趣的实验，让读者从中学习到 Arduino 在各类传感器和主控板以及物联网(智能家居)中的应用。这是一个电子化和互联网化的时代，目前大学生都喜欢参与各种机器人大赛，也喜欢自己动手 DIY 各种小硬件，本书正是为帮助大学生群体树立创新意识、发挥其创造性而编写的。

本书具有较强的现代气息，读者跟着本书完成一个个案例时一定会觉得非常实用，因为这些实验都能在身边找到相应的应用。读者还可以根据一些章节里提到的拓展内容自行创意，创建出更好、更新的作品。

本书共 6 章，具体编写分工如下：第 1 章、第 2 章由李霞编写，第 3 章、第 4 章由王庆编写，第 5 章、第 6 章由孙秋凤编写。全书由孙秋凤统稿。

由于编者水平有限，书中难免有不妥之处，敬请读者批评指正。

编　者

2018 年 4 月

目　　录

第 1 章　认识 Arduino 1
　1.1　Arduino 概述 1
　1.2　认识 Arduino UNO 2
　　1.2.1　下载 Arduino IDE 2
　　1.2.2　安装驱动 3
　　1.2.3　认识 Arduino IDE 6
　　1.2.4　下载一个 Blink 程序 8
第 2 章　Arduino 语法基础 12
　2.1　程序结构 12
　2.2　控制语句 13
　2.3　相关语法 19
　2.4　运算符 22
　2.5　变量 29
　　2.5.1　常量 29
　　2.5.2　数据类型 31
　　2.5.3　数据类型转换 38
　　2.5.4　变量作用域和修饰符 38
　　2.5.5　辅助工具 sizeof() 42
　2.6　基本函数 43
　　2.6.1　数字 I/O 43
　　2.6.2　模拟 I/O 45
　　2.6.3　高级 I/O 46
　　2.6.4　时间 47
　　2.6.5　数学库 49
　　2.6.6　三角函数 50
　　2.6.7　随机数及设置随机种子 51
　　2.6.8　位操作 51
　　2.6.9　设置中断函数 52
　　2.6.10　串口通信 54
第 3 章　自动控制装置 60
　3.1　自动控制装置三要素 60
　3.2　电子世界的"数字"与"模拟" 61

第 4 章 串口监视器
4.1 数字信号 64
4.2 模拟信号 66
4.3 两者比较分析 68
4.4 串口相关函数 69
4.5 程序示例 69

第 5 章 Arduino 基础传感器
5.1 点亮一盏灯——LED 发光模块 73
5.2 感应灯——人体红外热释电运动传感器 78
5.3 Mini 台灯——数字大按钮模块 81
5.4 声控灯——模拟声音传感器 85
5.5 呼吸灯——PWM 88
5.6 灯光调节器——模拟角度传感器 91
5.7 火焰报警器——火焰传感器 95
5.8 夜光盒——舵机 98
5.9 遥控灯——红外接收传感器 101
5.10 数字骰子——Shiftout 模块 + 数码管 107
5.11 实时温湿度检测器——温湿度传感器 + I2C LCD1602 液晶模块 111
5.12 智能家居——中文语音识别模块 Voice Recognition V1.1 116
5.13 综合示例——自动浇花系统 117

第 6 章 智能小车
6.1 miniQ 智能小车 124
6.1.1 基本器件介绍 124
6.1.2 蜂鸣器 125
6.1.3 光敏二极管 129
6.1.4 RGB 彩灯 131
6.2 四驱小车 135
6.2.1 组装步骤 135
6.2.2 避障小车 139
6.2.3 巡线小车 147
6.2.4 蓝牙小车 149

附录 160
附录 1 ASCII 码表 160
附录 2 配件清单(教师用) 161
附录 3 Arduino 自带样例功能目录 162
附录 4 Arduino 库文件概述 164

参考文献 166

第 1 章　认识 Arduino

1.1　Arduino 概述

Arduino 是一个开放源码电子原型平台，拥有灵活、易用的硬件和软件。Arduino 是专为设计师、工艺美术人员、业余爱好者，以及对开发互动装置或互动式开发环境感兴趣的用户设计的。

Arduino 可以接收来自各种传感器的输入信号从而检测运行环境，并通过控制光源、电机以及其他驱动器来影响其周围环境。板上的微控制器编程使用 Arduino 编程语言(基于 Wiring)和 Arduino 开发环境(以 Processing 为基础)。Arduino 可以独立运行，也可以与计算机上运行的软件(例如 Flash、Processing、MaxMSP)进行通信。Arduino 开发 IDE 接口基于开放源代码，可以免费下载使用，从而开发出更多令人惊艳的互动作品。

　　最经典的开源硬件项目，诞生于意大利的一间设计学校。Arduino 的核心开发团队成员包括 Massimo Banzi、David Cuartielles、Tom Igoe、Gianluca Martino、David Mellis 和 Nicholas Zambetti。据说 Massimo Banzi 的学生们经常抱怨找不到便宜好用的微控制器。2005 年冬天，Massimo Banzi 跟朋友 David Cuartielles 讨论了这个问题，David Cuartielles 是一个西班牙籍芯片工程师，当时在这所学校做访问学者。两人决定设计自己的电路板，并引入了 Banzi 的学生 David Mellis 为电路板设计编程语言。两天以后，David Mellis 就写出了程式码。又过了三天，电路板就完工了。这块电路板被命名为 Arduino。几乎任何人，即使不懂电脑编程，也能用 Arduino 做出很酷的东西，比如对感测器做出回应，闪烁灯光，还能控制马达。

　　关于 Arduino 的名字还有个有趣的由来。意大利北部有一个如诗如画的小镇 Ivrea，横跨蓝绿色的 Dora Baltea 河。该小镇最著名的事迹是关于一位受压迫的国王。公元 1002 年，国王 Arduino 成为国家的统治者，不幸的是两年后即被德国亨利二世国王给废掉了。如今，在这位国王的出生地有一条 Cobblestone 街，街上有家叫 "di Re Arduino" 的酒吧纪念了这位国王。Massimo Banzi 经常光临这家酒吧，于是他将这个电子产品计划命名为 Aruino。

1.2 认识 Arduino UNO

先简单地看一下 Arduino UNO(Arduino 的一种兼容控制器)。图 1-1 中有标识的部分为其常用部分。图中标出的数字口和模拟口,即为常说的 I/O 口。数字口有 0~13 个接口,模拟口有 0~5 个接口。

除了最重要的 I/O 口外,还有电源部分。UNO 可以通过两种方式供电,一种是通过 USB 供电,另一种是通过外接 6~12 V 的 DC 电源供电。除此之外,还有 4 个 LED 灯和 1 个复位按键。简单介绍一下这 4 个 LED 灯:ON 是电源指示灯,通电就会亮;L 是接在数字口 13 上的一个 LED 灯,在后面章节中有样例具体介绍;TX、RX 是串口通信指示灯,在下载程序时这两个灯就会不停闪烁。

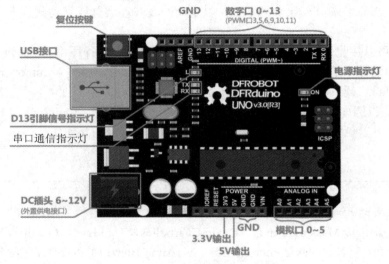

图 1-1　主控板 Arduino UNO

1.2.1　下载 Arduino IDE

本节将介绍 Arduino IDE(集成开发环境)的下载。

首先,打开网页输入网址 http://arduino.cc/en/Main/Software,进入页面后,找到如图 1-2 显示的部分,下载最新的 Arduino 软件版本。

图 1-2　Arduino 软件版本

然后，Windows 用户点击下载 Windows(ZIP file)(如果是 Mac、Linux 用户，则选择相应的系统)。下载完成后，解压文件，保存在便于查找的位置。本书使用的版本是 Arduino 1.0.5，如图 1-3 所示。

图 1-3　Arduino 1.0.5

1.2.2　安装驱动

把 USB 的一端插到 Arduino UNO 上，另一端连到电脑上。连接成功后，UNO 板的红色电源指示灯 ON 亮起。然后，打开控制面板，选择"设备管理器"，如图 1-4 所示。

图 1-4　选择"设备管理器"

选择"其他设备"→"Arduino-xx",右击选择"更新驱动程序软件",如图 1-5 所示。

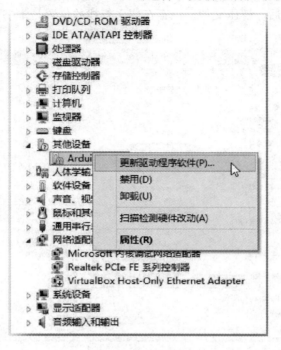

图 1-5　更新驱动

在弹出的对话框中选择"手动查找并安装驱动程序软件",如图 1-6 所示。

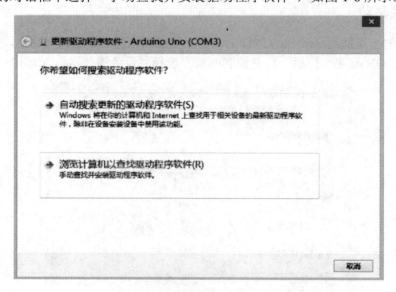

图 1-6　手动查找驱动程序

在弹出的如图 1-7 所示的对话框中,找到 Arduino IDE 的安装位置(就是上面那个解压文件所放的位置),选择搜索路径到 Drivers,点击"下一步"按钮。在弹出的如图 1-8 所示的界面中选择"始终安装此驱动程序软件",直至完成。

第 1 章　认识 Arduino

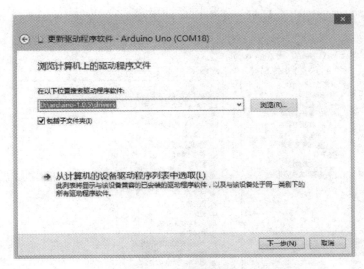

图 1-7　选择搜索路径

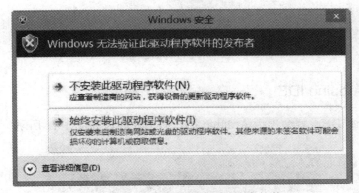

图 1-8　选择"始终安装此驱动程序软件"

出现如图 1-9 所示的界面，说明驱动安装成功。

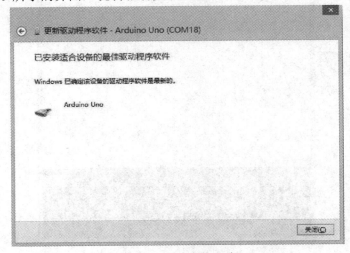

图 1-9　驱动安装成功

此时，设备管理器端口会显示一个串口号，如图 1-10 所示。

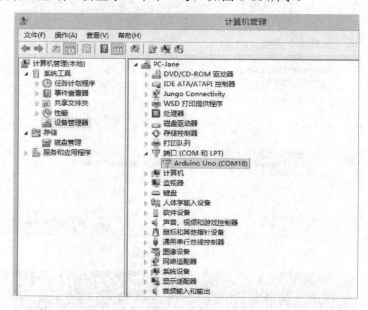

图 1-10　查看串口号

1.2.3　认识 Arduino IDE

打开 Arudino IDE，就会出现 Arduino IDE 的主界面，如图 1-11 所示。

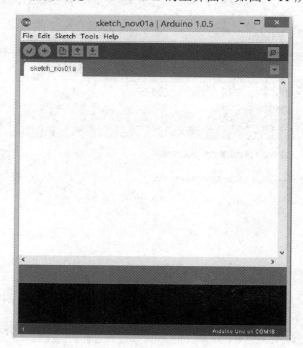

图 1-11　Arduino IDE 主界面

如果不太习惯英文界面,则可以先更改为中文界面。选择菜单栏"File"→"Preferences",将弹出如图 1-12 所示的对话框,选择"Editor language"为"简体中文",点击"OK"按钮。

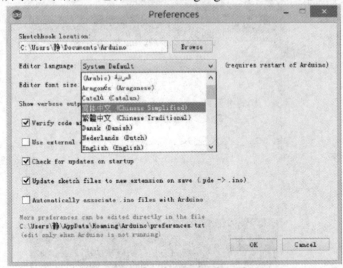

图 1-12　设置中文界面

此时,关闭 Arduino IDE,再重新打开,则显示的就是中文界面了,如图 1-13 所示。

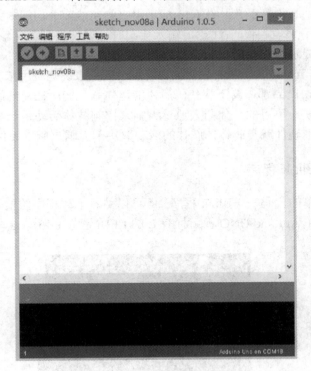

图 1-13　Arduino IDE 中文界面

下面我们先简单认识一下 Arduino 的这个编译器,因为以后是要经常和它打交道的。Arduino IDE 主界面的功能介绍如图 1-14 所示。

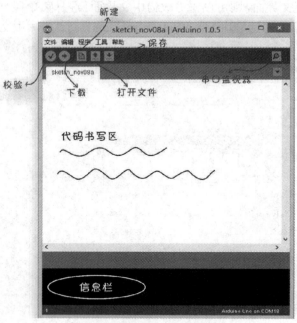

图1-14 主界面功能详解

  Arduino IDE 基本只需要用到图 1-14 标示出来的功能部分，图中大部分的白色区域就是代码的编辑区，用来输入代码(注意，输入代码时，要切换到英文输入法的模式)；下面黑色的区域是消息提示区，会显示编译或者下载是否通过。

  Arduino IDE 是 Arduino 产品的软件编辑环境，简单来说就是用来写代码、下载代码的地方。任何 Arduino 产品都需要下载代码后才能运作。我们所搭建的硬件电路是辅助代码来完成的，两者是缺一不可的。如同人通过大脑来控制肢体活动是一个道理，如果代码就是大脑的话，则外围硬件就是肢体，肢体的活动取决于大脑，所以硬件实现取决于代码。

1.2.4 下载一个 Blink 程序

  下载一个最简单的代码——Blink 程序，既可以熟悉下载程序的整个过程，同时也可以测试板子的好坏。在 Arduino UNO 板上标有 L 的 LED(见图 1-15)，这段测试代码就是让这个 LED 灯闪烁的。

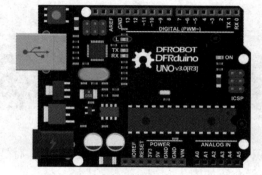

图1-15 Arduino UNO 板上的 L 灯

插上 USB 线，打开 Arduino IDE 后，找到 Blink 代码，如图 1-16 和图 1-17 所示。

图 1-16　示例菜单　　　　　　　　　　图 1-17　示例程序——Blink

通常，写完一段代码后都需要校验一下，看看代码有没有错误。点击"校验"，如图 1-18 所示。

图 1-18　点击"校验"

图 1-19 显示正在校验中。

图 1-19　校验中

校验完毕，显示如图 1-20 所示。

图 1-20　校验完毕

由于是样例代码，所以校验不会有错误，不过在以后写代码的过程中，输入完代码，都需要校验一下，然后再下载到 Arduino 中。

在下载程序之前，还要先告诉 Arduino IDE 板子的型号以及相应的串口。

选择主控板，如图 1-21 所示，选择板卡→Arduino Uno。

图 1-21　选择主控板

选择当前的串口为"COM18"，如图 1-22 所示。

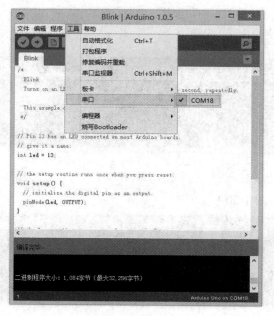

图 1-22　选择串口

最后，点击"下载"，如图 1-23 所示。

图 1-23　点击"下载"

下载完毕，如图 1-24 所示。

图 1-24　下载完毕

以上就是给 Arduino 下载一个 Blink 程序的整个过程。

以后的程序下载按照这个步骤做就可以了。我们再来理一下思路，分为三步：校验→选择板卡和串口→下载。

第 2 章　Arduino 语法基础

Arduino 语言是建立在 C/C++ 基础上的，其实也就是基础的 C 语言，Arduino 语言只不过把 AVR 单片机(微控制器)相关的一些寄存器参数设置等都函数化了，不用去了解它的底层，让不太了解 AVR 单片机(微控制器)的人也能轻松上手。

2.1　程序结构

在 Arduino 中，标准的程序入口 main 函数在内部被定义了，用户只需要关心以下两个函数：

(1) setup()。当 Arduino 板启动时，setup()函数会被调用。用它来初始化变量、引脚模式、开始使用某个库等。该函数在 Arduino 板的每次上电和复位时只运行一次。

(2) loop()。在创建 setup 函数时该函数初始化和设置初始值。而 loop()函数所做的正如其名，即连续循环，允许程序改变状态和响应事件，可以用它来实时控制 Arduino 板。

示例：

```
int buttonPin = 3;

void setup()
{
    Serial.begin(9600);              //初始化串口
    pinMode(buttonPin, INPUT);       //设置 3 号引脚为输入模式
}

void loop()
{
    if (digitalRead(buttonPin) == HIGH)
        serialWrite('H');
    else
        serialWrite('L');

    delay(1000);
}
```

2.2 控制语句

1. 选择结构

1) if 结构

if 结构与比较运算符结合使用,用于测试是否已达到某些条件。例如一个输入数据在某个范围之外,其使用格式如下:

```
if (value > 50)
{
    // 这里加入代码
}
```

该程序测试 value 是否大于 50。如果是,则程序将执行特定的动作。换句话说,如果圆括号中的语句为真,则大括号中的语句就会执行。如果不是,则程序将跳过这段代码。大括号可以被省略,如果这么做,则下一行(以分号结尾)将成为唯一的条件语句。

```
if (x > 120) digitalWrite(LEDpin, HIGH);

if (x > 120)
digitalWrite(LEDpin, HIGH);

if (x > 120){ digitalWrite(LEDpin, HIGH); }

if (x > 120){
    digitalWrite(LEDpin1, HIGH);
    digitalWrite(LEDpin2, HIGH);
}                          // 都是正确的
```

圆括号中要被计算的语句需要一个或多个操作符。

2) if...else 结构

与基本的 if 语句相比,由于允许多个测试组合在一起,因此 if...else 可以使用更多的控制流。例如,可以测试一个模拟量输入,如果输入值小于 500,则采取一个动作;而如果输入值大于或等于 500,则采取另一个动作。其代码如下:

```
if (pinFiveInput < 500)
{
    // 动作 A
}
else
{
    // 动作 B
}
```

else 中可以进行另一个 if 测试，这样多个相互独立的测试就可以同时进行。每一个测试一个接一个地执行，直到遇到一个测试为真时为止。当发现一个测试条件为真时，与其关联的代码块就会执行，然后程序将跳到完整的 if…else 结构的下一行。如果没有一个测试被验证为真，则缺省的 else 语句块如果存在的话，将被设为默认行为，并执行。

注意：一个 else if 语句块可能有或者没有终止 else 语句块。同理，每个 else if 分支允许有无限多个。

```
if (pinFiveInput < 500)
{
   // 执行动作 A
}
else if (pinFiveInput >= 1000)
{
   // 执行动作 B
}
else
{
   // 执行动作 C
}
```

另外一种表达互斥分支测试的方式，是使用 switch…case 语句。

3) switch…case 结构

Switch…case 语句的语法如下：

```
switch (var) {           // var: 与不同的 case 中的值进行比较的变量
    case label:          // label: 相应的 case 的值
       // statements
       break;
    case label:
       // statements
       break;
    default:
       // statements
}
```

就像 if 语句，switch...case 通过允许程序员根据不同的条件指定不同的应被执行的代码来控制程序流。特别地，一个 switch 语句对一个变量的值与 case 语句中指定的值进行比较，当一个 case 语句被发现其值等于该变量的值时，就会运行这个 case 语句下的代码。

break 关键字将中止并跳出 switch 语句段，常常用于每个 case 语句的最后面。如果没有 break 语句，则 switch 语句将继续执行下面的表达式（"持续下降"）直到遇到 break，或者是到达 switch 语句的末尾。

示例：

```
switch (var) {
    case 1:
        //当 var 等于 1 执行这里
        break;
    case 2:
        //当 var 等于 2 执行这里
        break;
    default:
        // 如果没有匹配项，将执行此缺省段
        // default 段是可选的
}
```

2. 循环结构

1) for 结构

for 语句用于重复执行被花括号包围的语句块。一个增量计数器通常被用来递增和终止循环。for 语句对于任何需要重复的操作是非常有用的，常常用于与数组联合使用以收集数据/引脚。for 语句的头部有三个部分，其语法如下：

```
for (初始化部分; 条件判断部分; 数据递增部分) {
//语句块
}
```

初始化部分被第一个执行，且只执行一次。每次通过这个循环，条件判断部分将被测试；如果为真，语句块和数据递增部分就会被执行，然后条件判断部分就会被再次测试，当条件测试为假时，结束循环。

示例：

```
//使用一个 PWM 引脚使 LED 灯闪烁
int PWMpin = 10; // LED 在 10 号引脚串联一个 470 欧姆的电阻

void setup()
{
    //这里无需设置
}
void loop()
{
    for (int i=0; i <= 255; i++){
        analogWrite(PWMpin, i);
        delay(10);
    }
}
```

编码提示：C 语言中的 for 循环比在其他计算机语言中的 for 循环要灵活得多，包括 BASIC。for 语句的三个头元素中的任何一个或全部可能被省略，但分号是必需的。而且初始化部分、条件判断部分和数据递增部分可以是任何合法的使用任意变量的 C 语句，且可以使用任何数据类型包括 floats。这些不常用的类型用于语句段也许可以为一些罕见的编程问题提供解决方案。

例如，在递增部分中使用一个乘法将形成对数级增长，其代码如下：

```
for(int x = 2; x < 100; x = x * 1.5){
    println(x);
}
```

输出结果：2, 3, 4, 6, 9, 13, 19, 28, 42, 63, 94

另一个例子，在一个 for 循环中使一个 LED 灯渐渐地变亮和变暗，其代码如下：

```
void loop()
{
    int x = 1;
    for (int i = 0; i > -1; i = i + x){
        analogWrite(PWMpin, i);
        if (i == 255) x = -1;              // 在峰值切换方向
        delay(10);
    }
}
```

2) while 结构

while 语句的语法如下：

```
while(expression){ // expression - 一个(布尔型)C 语句，被求值为真或假
    // statement(s)
}
```

while 循环将会连续地无限地循环，直到圆括号()中的表达式变为假。被测试的变量必须被改变，否则 while 循环将永远不会中止。被测试的变量可以是代码，比如一个递增的变量；或者是一个外部条件，比如测试一个传感器。

示例：

```
var = 0;
while(var < 200){
    // 做两百次重复的事情
    var++;
}
```

3) do...while 结构

do...while 语句的语法如下：

```
do
{
    // 语句块
} while (测试条件);
```

do 循环与 while 循环使用相同的方式工作，不同的是条件是在循环的末尾被测试的，所以 do 循环总是至少会运行一次。

示例：

```
do
{
    delay(50);              // 等待传感器稳定
    x = readSensors();      // 检查传感器的值


} while (x < 100);
```

3．跳转语句

1) break 语句

break 用于中止 do、for 或 while 循环，绕过正常的循环条件。它也用于中止 switch 语句。

示例：

```
for (x = 0; x < 255; x ++)
{
    digitalWrite(PWMpin, x);
    sens = analogRead(sensorPin);
    if (sens > threshold){      // bail out on sensor detect
        x = 0;
        break;
    }
    delay(50);
}
```

2) continue 语句

continue 语句跳过一个(do、for 或 while)循环的当前迭代的余下部分，通过检查循环测试条件它将继续进行随后的迭代。

示例：

```
for (x = 0; x < 255; x ++)
{
    if (x > 40 && x < 120){     // create jump in values
        continue;
    }
```

```
        digitalWrite(PWMpin, x);
        delay(50);
    }
```

3) return 语句

return 语句的语法如下:

```
    return;
    return value; // value: 任何类型的变量或常量
```

return 语句终止一个函数,并向被调用函数返回一个值。

示例:

```
    //一个函数,用于对一个传感器输入与一个阈值进行比较
    int checkSensor(){
        if (analogRead(0) > 400) {
            return 1;
        else{
            return 0;
        }
    }
```

return 关键字对测试一段代码很方便,不需"注释掉"大段的可能是错误的代码。

```
    void loop(){
        //在此测试代码是个好想法
        return;
        // 这里是功能不正常的代码
        // 这里的代码永远也不会执行
    }
```

4) goto 语句

goto 语句的语法如下:

```
    label:
    goto label; //在程序中转移程序流到一个标记点
```

📢 **提示**:在 C 程序中不建议使用 goto 语句,而且一些 C 编程书的作者主张永远不要使用 goto 语句,但是明智地使用它可以简化某些代码。许多程序员不赞成使用 goto 的原因是,无节制地使用 goto 语句很容易产生执行流混乱的很难被调试的程序。尽管如此,仍然有很多使用 goto 语句而大大简化编码的实例,其中之一就是在满足 if 逻辑块时从一个很深的循环嵌套中跳出去。

示例:

```
for(byte r = 0; r < 255; r++){
    for(byte g = 255; g > -1; g--){
        for(byte b = 0; b < 255; b++){
            if (analogRead(0) > 250){ goto bailout;}
            // 其他语句
        }
    }
}
bailout:
```

2.3 相关语法

1. 分号

示例：

```
int a = 13;    // 用于一个语句的结束
```

> **提示**：忘记在一行的末尾加一个分号将产生一个编译器错误。该错误信息可能是明显的，且会提及丢失分号，但也许不会。如果出现一个不可理喻的或看起来不合逻辑的错误，则其中一个首先要做的事就是检查分号丢失。编译器会在前一行的附近发出错误提示信息。

2. 大括号

大括号(又称括弧或花括号)是 C 语言的主要组成部分。它们用在几个不同的结构中，大致如下，这可能会令初学者感到困惑。

一个左大括号必须有一个右大括号跟在后面，这是一个常被称为平衡括号的条件。Arduino IDE 包含一个方便的特性以检验平衡大括号，即只需选择一个大括号，甚至直接在一个大括号后面点击插入点，然后它的逻辑上的同伴就会高亮显示。

初级程序员和从 BASIC 转到 C 的程序员常常会发现使用大括号令人困惑或畏缩。毕竟，用同样的大括号在子例程(函数)中是替换 return 语句，在条件语句中是替换 endif 语句，而在 for 循环中是替换 next 语句。

由于大括号的使用是如此的多样，因此当插入一个需要大括号的结构时，直接在打出开括号之后打出闭括号是个不错的编程实践。然后在大括号之间插入一些回车符，接着开始插入语句。

不平衡的大括号常常导致古怪的、难以理解的编译器错误，有时在大型程序中很难查出。因为它们多样的使用，大括号对于程序的语法也是极其重要的，对一个大括号移动一行或两行，常常会显著地影响程序的意义。

大括号的主要用法如下：

```
//函数
    void myfunction(datatype argument){
        statements(s)
    }

//循环
    while (boolean expression)
    {
        statement(s)
    }
    do
    {
        statement(s)
    } while (boolean expression);

    for (initialisation; termination condition; incrementing expr)
    {
        statement(s)
    }

//条件语句
    if (boolean expression)
    {
        statement(s)
    }
    else if (boolean expression)
    {
        statement(s)
    }
    else
    {
        statement(s)
    }
```

3．注释

注释是程序中的一些行，用于让自己或他人了解程序的工作方式。它们会被编译器忽略，而不会输出到控制器，所以它们不会占用 Atmega 芯片上的任何空间。

注释唯一的目的是帮助理解(或记忆)程序是怎样工作的，或者是告知其他人程序是怎样工作的。标记一行为注释只有以下两种方式。

(1) 方式一代码如下:
```
x = 5;    //这是一个单行注释。此斜线后的任何内容都是注释
          //直到该行的结尾
```

(2) 方式二代码如下:
```
/* 这是多行注释 - 用它来注释掉整个代码块
if (gwb == 0){   //在多行注释中使用单行注释是没有问题的
x = 3;           /* 但是其中不可以使用另一个多行注释 - 这是不合法的 */
}
//别忘了加上"关闭"注释符 - 它们必须是平衡的
*/
```

提示：当实验代码时，"注释掉"程序的一部分来移除可能是错误的行是一种方便的方法。这不是把这些行从程序中移除，而是把它们放到注释中，所以编译器就会忽略它们。这在定位问题时，或者当程序无法编译通过且编译错误信息很古怪或没有帮助时特别有用。

4. define 宏定义

宏定义是一个有用的 C 组件，它允许程序员在程序编译前给常量取一个名字。在 Arduino 中定义的常量不会在芯片中占用任何程序空间。编译器在编译时会将这些常量引用替换为定义的值，这样一来可能有些有害的副作用。举例来说，一个已被定义的常量名被包含在一些其他的常量或变量名中，那样的话该文本将被替换成被定义的数字(或文本)。

通常，用 const 关键字定义常量是更受欢迎的，且用来代替#define 会很有用。Arduino 宏定义与 C 宏定义有同样的语法，其语法如下：

```
#define constantName value
```

注意："#"是必须的。

示例：
```
#define ledPin 3
// 编译器在编译时会将任何提及 ledPin 的地方替换成数值 3。
```

提示：如果在 #define 语句的后面加一个分号，则编译器将会在进一步的页面引发奇怪的错误。如：

```
#define ledPin 3;    // 错误
```

类似地，若包含一个等号则通常也会在进一步的页面引发奇怪的编译错误。

```
#define ledPin = 3    // 错误
```

5. include

#include 用于在 sketch 中包含外部的库。这使程序员可以访问一个巨大的标准 C 库(预定义函数集合)的集合。

注意：#include 和#define 相似，没有分号终止符，且如果加了，编译器会产生奇怪的错误信息。

示例：该示例包含一个用于输出数据到程序空间闪存的库，而不是内存。这会为动态内存需求节省存储空间且使需要创建巨大的查找表变得更实际。

```
#include <avr/pgmspace.h>
prog_uint16_t myConstants[] PROGMEM = {0, 21140, 702   , 9128,   0, 25764, 8456,
0,0,0,0,0,0,0,29810,8968,29762,29762,4500};
```

2.4 运算符

1. 算术运算符

1) 赋值

赋值运算符(=)把等号右边的值存储到等号左边的变量中。

在 C 语言中单个等号被称为赋值运算符。它与在代数课中的意义不同，后者象征等式或相等。赋值运算符告诉微控制器求值等号右边的变量或表达式，然后把结果存入等号左边的变量中。例如：

```
int sensVal;                    //声明一个名为 sensVal 的整型变量
senVal = analogRead(0);         //存储(数字的)0 号模拟引脚的输入电压值到 sensVal
```

赋值运算符(=)左边的变量需要能够保存存储在其中的值。如果它不足以大到容纳一个值，那么存储在该变量中的值将是错误的。

注意：不要混淆赋值运算符"="(单等号)和比较运算符"=="(双等号)，后者求值两个表达式是否相等。

2) 加、减、乘、除

加(+)、减(−)、乘(*)、除(/)这些运算符(分别)返回两人运算对象的和、差、积、商。这些操作受运算对象的数据类型的影响，例如，9/4 结果是 2，因为 9 和 2 是整型数。如果结果超出其在相应的数据类型下所能表示的数，例如给整型数值 32767 加 1，则其结果是 −32768。如果运算对象是不同的类型，则会用那个较大的类型进行计算。

如果其中一个数字(运算符)是 float 类型或 double 类型，则将采用浮点数进行计算。

其语法如下：

```
result = value1 + value2;
result = value1 − value2;
result = value1 * value2;
result = value1 / value2;
```

示例：

```
y = y + 3;
x = x − 7;
i = j * 6;
r = r / 5;
```

编程技巧：整型常量默认为 int 型，因此一些常量计算可能会溢出(例如：60*1000 将产生负的结果)，所以应选择一个大小足够大的变量以容纳最大的计算结果。

要知道变量在哪一点将会"翻转"且要知道在另一个方向上会发生什么，例如：(0-1) 或(0-32768)。

对于数学运算中需要分数，就使用浮点变量，但是要注意它们的缺点：占用空间大，计算速度慢。

使用强制类型转换符，例如：(int)myfloat，以在运行中转换一个变量到另一个类型。

3) 取模

取模(%)为计算一个数除以另一个数的余数。这对于保持一个变量在一个特定的范围很有用(例如：数组的大小)。

其语法如下：

```
result = dividend % divisor
```

示例：

```
x = 7 % 5;    // x now contains 2
x = 9 % 5;    // x now contains 4
x = 5 % 5;    // x now contains 0
x = 4 % 5;    // x now contains 4
```

示例代码：

```
/* update one value in an array each time through a loop */
int values[10];
int i = 0;
void setup() { }
void loop()
{
    values[i] = analogRead(0);
    i = (i + 1) % 10;     // modulo operator rolls over variable
}
```

提示：取模运算符不能用于浮点型数。

2．比较运算符

比较运算符(==、!=、<、>)一般和 if 语句联合使用，测试某一条件是否到达。例如一个输入超出某一数值。

if 条件测试的格式如下：

```
if (someVariable > 50)
{
    // do something here
}
```

该程序测试 someVariable 是否大于 50。如果是，则程序执行特定的动作。换句话说，如果圆括号中的语句为真，则花括号中的语句就会运行，否则，程序跳过该代码。

if 语句后的花括号可能被省略。如果这么做了，下一行(由分号定义的行)就会变成唯一的条件语句。例如：

```
if (x > 120) digitalWrite(LEDpin, HIGH);

if (x > 120)
digitalWrite(LEDpin, HIGH);

if (x > 120){ digitalWrite(LEDpin, HIGH); }

if (x > 120){
  digitalWrite(LEDpin1, HIGH);
  digitalWrite(LEDpin2, HIGH);
}                              // all are correct
```

示例：

```
x == y (x is equal to y)
x != y (x is not equal to y)
x <  y (x is less than y)
x >  y (x is greater than y)
x <= y (x is less than or equal to y)
x >= y (x is greater than or equal to y)
```

警告：小心偶然地使用单个等号(例如 if(x = 10))。单个等号是赋值运算符，这里设置 x 为 10(将值 10 存入变量 x)；而改用双等号(例如 if (x == 10))，这个是比较运算符，用于测试 x 是否等于 10。后者只在 x 等于 10 时返回真，但是前者将总是为真。

这是因为 C 语言将如下求值语句 if(x=10)中的 10 分配给 x(切记单个等号是赋值运算符)，因此 x 现在为 10。然后经过 if 条件语句后求值为 10，任何非零数值都为真值，由此可知，if (x = 10)将总是求值为真，这不是使用 if 语句所期望的结果。另外，变量 x 将被设置为 10，这也不是期望的操作。

3. 布尔运算符

1) 逻辑与(&&)

逻辑与(&&)只有在两个操作数都为真时才返回真，例如：

```
if (digitalRead(2) == HIGH  && digitalRead(3) == HIGH) { // read two switches
  // ...
}
```

只在两个输入都为高时返回真。

2) 逻辑或(||)

逻辑或(||)在任意一个为真时返回真,例如:

```
if (x > 0 || y > 0) {
  // ...
}
    x 或 y 任意一个大于 0 时返回真
```

3) 逻辑非(!)

逻辑非(!)在操作数为假时返回真,例如:

```
if (!x) {
  // ...
}
```

若 x 为假则返回真(即如果 x 等于 0 时)。

> **警告**:确保没有把布尔与运算符&&(两个与符号)错认为按位与运算符&(单个与符号)。它们是完全不同的概念。

同样,不要混淆布尔或运算符||(双竖杠)和按位或运算符|(单竖杠)。

按位取反~(波浪号)看起来与布尔非运算符!有很大不同,但是仍然必须确保在什么地方用哪一个。

例如:

```
if (a >= 10 && a <= 20){ }    // true if a is between 10 and 20
```

4. 位运算

1) 按位与(&)

按位操作符在变量的位级执行运算。它们帮助解决各种常见的编程问题。

在 C++中按位与运算符是单个与符号,用于其他两个整型表达式之间使用。按位与运算独立地在周围的表达式的每一位上执行操作。根据这一规则:如果两个输入位都是 1,则结果输出 1,否则输出 0。表达这一思想的另一个方法如下:

```
    0  0  1  1    operand1
    0  1  0  1    operand2
    ----------------
    0  0  0  1    (operand1 & operand2) - returned result
```

在 Arduino 中,int 型是 16 位的。所以在两个整型表达式之间使用&将会导致 16 个与运算同时发生。代码片断就像这样:

```
int a =   92;      // in binary: 0000000001011100
int b = 101;       // in binary: 0000000001100101
int c = a & b;     // result:    0000000001000100, or 68 in decimal
```

在 a 和 b 16 位的每一位将使用按位与处理,且所有 16 位结果存入 c 中,以二进制存入的结果值为 01000100,即十进制的 68。

按位与的其中一个最常用的用途是从一个整型数中选择特定的位,常被称为掩码屏蔽。

2) 按位或(|)

在 C++ 中按位或运算符是垂直的条杆符号"|"。就像"&"运算符,"|"运算符独立地计算它周围的两个整型表达式的每一位,当然它所做的是不同的操作。两个输入位其中一个(或都)是 1,则按位或将得到 1,否则为 0。表达这一思想的另一个方法如下:

```
    0  0  1  1     operand1
    0  1  0  1     operand2
    ---------------
    0  1  1  1     (operand1 | operand2) - returned result
```

以下是一个使用一小段 C++ 代码描述的按位或(运算)的例子:

```
int a =   92;       // in binary: 0000000001011100
int b = 101;        // in binary: 0000000001100101
int c = a | b;      // result:    0000000001111101, or 125 in decimal
```

按位与和按位或的一个共同的工作是在端口上进行程序员称之为读—改—写的操作。在微控制器中,每个端口是一个 8 位数字,每一位表示一个引脚的状态。写一个端口可以同时控制所有的引脚。

PORTD 是内建的参照数字口 0、1、2、3、4、5、6、7 输出状态的常量。如果一个比特位是 1,那么该引脚置高。引脚总是需要用 pinMode() 指令设置为输出模式,所以如果写入 PORTD = B00110001,就会让引脚 2、3 和 7 输出高。一个小小的问题是,同时也改变了某些引脚的 0、1 状态。这用于 Arduino 与串口通信,所以可能会干扰串口通信。

程序规则是:仅仅获取和清除想控制的与相应引脚对应的位(使用按位与)。合并要修改的 PORTD 值与所控制的引脚的新值(使用按位或)。例如:

```
int i;      // counter variable
int j;

void setup(){
DDRD=DDRD | B11111100; // set direction bits for pins 2 to 7, leave 0 and 1 untouched(xx | 00==xx)
// same as pinMode(pin, OUTPUT) for pins 2 to 7
Serial.begin(9600);
}
void loop(){
for (i=0; i<64; i++){
PORTD = PORTD & B00000011; // clear out bits 2 - 7, leave pins 0 and 1 untouched (xx & 11 == xx)
j = (i << 2);                // shift variable up to pins 2 - 7 - to avoid pins 0 and 1
PORTD = PORTD | j;           // combine the port information with the new information for LED pins
Serial.println(PORTD, BIN); // debug to show masking
delay(100);
   }
}
```

3) 按位异或(^)

在 C++中有一个有点不寻常的操作，它被称为按位异或，或者 XOR(在英语中，通常读作"eks-or")。按位异或运算符使用符号"^"。该运算符与按位或运算符"｜"非常相似，唯一的不同是当输入位都为 1 时它返回 0。

```
    0   0   1   1        operand1
    0   1   0   1        operand2
    ---------------
    0   1   1   0        (operand1 ^ operand2) - returned result
```

看待 XOR 的另一个视角是，当输入不同时结果为 1，当输入相同时结果为 0。

以下是一个简单的示例代码：

```
int x = 12;      // binary: 1100
int y = 10;      // binary: 1010
int z = x ^ y;   // binary: 0110, or decimal 6
```

"^"运算符常用于翻转整数表达式的某些位(例如从 0 变为 1，或从 1 变为 0)。在一个按位异或操作中，如果相应的掩码位为 1，则该位将翻转；如果为 0，则该位不变。以下是一个闪烁引脚 5 的程序：

```
// Blink_Pin_5
// demo for Exclusive OR
void setup(){
DDRD = DDRD | B00100000; // set digital pin five as OUTPUT
Serial.begin(9600);
}

void loop(){
PORTD = PORTD ^ B00100000;   // invert bit 5 (digital pin 5), leave others untouched
delay(100);
}
```

4) 按位取反(~)

在 C++中按位取反运算符为波浪符"~"。不像"&"和"｜"，按位取反运算符应用于其右侧的单个操作数。按位取反操作会翻转其每一位，即 0 变为 1，1 变为 0。例如：

```
    0   1        operand1
    ----------
    1   0        ~ operand1

int a = 103;     // binary:   0000000001100111
int b = ~a;      // binary:   1111111110011000 = −104
```

由上可以看到此操作的结果为一个负数：−104，大家可能会感到惊讶，这是因为一个整型变量的最高位是所谓的符号位。如果最高位为 1，该整数被解释为负数。这里正数和负数的编码被称为二进制补码。

值得注意的是：对于任何整数 x，~x 与 -x-1 相等。有时候，符号位在有符号整数表达式中能引起一些不期的意外。

5) 左移运算(<<)，右移运算(>>)

在 C++中有两个移位运算符：左移运算符"<<"和右移运算符">>"。这些运算符将使左边操作数的每一位左移或右移其右边指定的位数。

其语法如下：

```
variable << number_of_bits

variable >> number_of_bits
```

示例：

```
<br>
    <pre style="color:green">
        int a = 5;        // binary: 0000000000000101
        int b = a << 3;   // binary: 0000000000101000, or 40 in decimal
        int c = b >> 3;   // binary: 0000000000000101, or back to 5 like we started with
```

当把 x 左移 y 位(x << y)，则 x 中最左边的 y 位将会丢失。

```
        int a = 5;        // binary: 0000000000000101
        int b = a << 14;  // binary: 0100000000000000 可以看出上面的 101 中的第一个 1 被丢弃
```

如果确信没有值被移出，则理解左移位运算符一个简单的办法是，把它的左操作数乘以 2 将提高其幂值。例如，要生成 2 的乘方，可以使用以下表达式：

```
1 <<  0  ==  1
1 <<  1  ==  2
1 <<  2  ==  4
1 <<  3  ==  8
    ⋮
1 <<  8  ==  256
1 <<  9  ==  512
1 << 10  ==  1024
    ⋮
```

当把 x 右移 y 位，则 x 的最高位为 1，该行为依赖于 x 的确切的数据类型。如果 x 的类型是 int，则最高位为符号位，决定 x 是不是负数，正如在上面已经讨论过的。在这种情况下，符号位会复制到较低的位，如：

```
        int x = -16;       // binary: 1111111111110000
        int y = x >> 3;    // binary: 1111111111111110
```

该行为，被称为符号扩展，常常不是所期待的。反而，可能希望移入左边的是 0。事实上右移规则对于无符合整型表达式是不同的。所以可以使用强制类型转换来避免左边移入 1。

```
int x = -16;              // binary: 1111111111110000
int y = (unsigned int)x >> 3;    // binary: 0001111111111110
```

如果可以很小心地避免符号扩展,则可以使用右移位运算符,作为除以 2 的幂的一种方法。例如

```
int x = 1000;
int y = x >> 3;    // 1000 除以 8,得 y = 125
```

5．复合运算符

对复合运算符的介绍如表 2-1 所示。

表 2-1 复 合 运 算 符

复合运算符	举　例
自加　++	i++; //相当于 i = i + 1;
自减　--	i--; //相当于 i = i - 1;
复合加　+=	i+=5; //相当于 i = i + 5;
复合减　-=	i-=5; //相当于 i = i - 5;
复合乘　*=	i*=5; //相当于 i = i * 5;
复合除　/=	i/=5; //相当于 i = i / 5;
复合与　&=	i&=5; //相当于 i = i & 5;
复合或　|=	i|=5; //相当于 i = i | 5;

2.5　变　　量

2.5.1　常量

constants 是在 Arduino 语言里预定义的常量,它们被用来使程序更易阅读,一般按组将常量分类。在 Arduino 内有两个常量用来表示真和假:true 和 false,在这两个常量中 false 更容易被定义。false 通常被定义为 0(零),true 通常被定义为 1,这是正确的,但 true 具有更广泛的定义。在布尔含义(Boolean Sense)里任何非零整数为 true,所以在布尔含义内 -1、2 和 -200 都被定义为 true。需要注意的是,true 和 false 常量不同于 HIGH、LOW、INPUT 和 OUTPUT,需要全部小写。

提示:Arduino 是大小写敏感语言(Case Sensitive)。

1．HIGH

HIGH(参考引脚)的含义取决于引脚(pin)的设置,引脚定义为 INPUT 或 OUTPUT 时含义有所不同。当一个引脚通过 pinMode 被设置为 INPUT,并通过 digitalRead 读取(read)时,如果当前引脚的电压大于等于 3 V,则微控制器将会返回为 HIGH。引脚也可以通过 pinMode 被设置为 INPUT,并通过 digitalWrite 设置为 HIGH。输入引脚的值将被一个内在的 20 K

上拉电阻控制在 HIGH 上，除非一个外部电路将其拉低到 LOW。当一个引脚通过 pinMode 被设置为 OUTPUT，并 digitalWrite 设置为 HIGH 时，引脚的电压应在 5 V。在这种状态下，它可以输出电流。例如，点亮一个通过一串电阻接地或设置为 LOW 的 OUTPUT 属性引脚的 LED。

2．LOW

LOW 的含义同样取决于引脚设置，引脚定义为 INPUT 或 OUTPUT 时含义有所不同。当一个引脚通过 pinMode 配置为 INPUT，通过 digitalRead 设置为读取(read)时，如果当前引脚的电压小于等于 2 V，则微控制器将返回为 LOW。当一个引脚通过 pinMode 配置为 OUTPUT，并通过 digitalWrite 设置为 LOW 时，则引脚为 0 V。在这种状态下，它可以倒灌电流。例如，点亮一个通过串联电阻连接到 +5 V，或到另一个引脚配置为 OUTPUT、HIGH 的 LED。

3．整型常量

整数常量是直接在程序中使用的数字，如 123。默认情况下，这些数字被视为 int，但可以通过 U 和 L 修饰符进行更多的限制。通常情况下，整数常量默认为十进制，但可以加上特殊前缀表示为其他进制，如表 2-2 所示。

表 2-2　整 型 常 量

进　制	例　子	格　式	备　注
10(十进制)	123	无	
2(二进制)	B1111011	前缀 'B'	只适用于 8 位的值(0 到 255)字符 0～1 有效
8(八进制)	0173	前缀 "0"	字符 0～7 有效
16(十六进制)	0x7B	前缀 "0x"	字符 0～9，A～F，A～F 有效

示例：

```
101    //和十进制 5 等价 (1*2^2 + 0*2^1 + 1*2^0)
```

二进制格式只能是 8 位的，即只能表示 0～255 之间的数。如果输入二进制数更方便的话，可以用以下的方式：

```
myInt = (B11001100 * 256) + B10101010;    //B11001100 作为高位。
```

八进制是以 8 为基底的，只有 0～7 是有效的字符。前缀"0"(数字 0)表示该值为八进制。

```
0101    // 等同于十进制数 65    ((1 * 8^2) + (0 * 8^1) + 1)
```

💡 **警告**：八进制数的前缀"0"很可能无意产生很难发现的错误，因为可能不小心在常量前加了个"0"。

十六进制以 16 为基底，有效的字符为 0～9 和 A～F。十六进制数用前缀"0x"(数字 0)表示。需注意，A～F 不区分大小写，就是说也可以用 a～f。

```
0x101    // 等同于十进制数 257    ((1 * 16^2) + (0 * 16^1) + 1)
```

默认情况下，整型常量被视作 int 型。要将整型常量转换为其他类型时，需遵循以下规则：

(1) "u"或"U"指定一个常量为无符号型(只能表示正数和0)。例如：33u。
(2) "l"或"L"指定一个常量为长整型(表示数的范围更广)。例如：100000L。
(3) "ul"或"UL"就是上面两种类型的结合，称作无符号长整型。例如：32767ul。

4．浮点常量

和整型常量类似，浮点常量可以使得代码更具可读性。浮点常量在编译时被转换为其表达式所取的值(见表 2-3)，浮点数可以用科学计数法表示，"E"和"e"都可以作为有效的指数标志。

表 2-3 浮点常量转换

科学计数法	转换为表达式	最终对应的浮点数值
10.0	10	0
2.34E5	2.34 * 10^5	234000
67E-12	67.0 * 10^-12	0.000000000067

2.5.2 数据类型

1．void

void 只用在函数声明中，它表示该函数将不会被返回任何数据到它被调用的函数中。
示例：

```
//功能在 "setup" 和 "loop" 被执行
//但没有数据被返回到高一级的程序中

void setup()
{
    // ...
}

void loop()
{
    // ...
}
```

2．boolean(布尔)

一个布尔变量拥有两个值，true 或 false(每个布尔变量占用一个字节的内存)。
示例：

```
int LEDpin = 5;          // LED 与引脚 5 相连
int switchPin = 13;      // 开关的一个引脚连接引脚 13，另一个引脚接地


boolean running = false;
```

```
void setup()
{
  pinMode(LEDpin, OUTPUT);
  pinMode(switchPin, INPUT);
  digitalWrite(switchPin, HIGH);        // 打开上拉电阻
}

void loop()
{
  if (digitalRead(switchPin) == LOW)
  {   // 按下开关 - 使引脚拉向高电势
    delay(100);                          // 通过延迟，以滤去开关抖动产生的杂波
    running = !running;                  // 触发 running 变量
    digitalWrite(LEDpin, running)        // 点亮 LED
  }
}
```

3．char(字节)

一个字节类型占用 1 个字节的内存，存储一个字符值。字符都写在单引号内，如 'A' (多个字符，即字符串使用双引号，如 "ABC")。

字符以编号的形式存储。可以在 ASCII 表中看到对应的编码，这意味着字符的 ASCII 值可以用来作数学计算(例如 'A'+1，因为大写 A 的 ASCII 值是 65，所以结果为 66)。思考如何将字符转换成数字参考 serial.println 命令。

char 数据类型是有符号的类型，这意味着它的编码为 –128～127。对于一个无符号的一个字节(8 位)的数据类型，使用 byte 数据类型。

示例：

```
char myChar = 'A';
char myChar = 65;         // both are equivalent
```

4．unsigned char(无符号字符)

一个无符号数据类型占用 1 个字节的内存。与 byte 的数据类型相同，无符号的 char 数据类型能编码 0～255 的数字。为了保持 Arduino 编程风格的一致性，byte 数据类型是首选。

示例：

```
unsigned char myChar = 240;
```

5．byte(字节型)

一个字节存储 8 位无符号数，取值范围为 0～255。

示例：

```
byte b = B10010;          // "B" 是二进制格式(B10010 等于十进制 18)
```

6. int(整型)

整数是基本数据类型，占用 2 个字节。整数的取值范围为 −32 768~32 767(−2^15 ~ (2^15)−1)。

整数类型使用 2 的补码方式存储负数。最高位通常为符号位，表示数的正负。其余位被"取反加 1"。

当变量数值过大而超过整数类型所能表示的范围时(−32 768~32 767)，变量值会"回滚"，如下面的示例：

```
int x
x = −32 768;
x = x − 1;          // x 现在是 32 767


x = 32 767;
x = x + 1;          // x 现在是 −32 768
```

7. unsigned int(无符号整型)

unsigned int(无符号整型)与整型数据同样大小，占据 2 个字节。它只能用于存储正数而不能存储负数，取值范围 0~65 535。

无符号整型和整型最重要的区别是它们的最高位不同，即符号位。在 Arduino 整型类型中，如果最高位是 1，则此数被认为是负数，剩下的 15 位为按 2 的补码计算所得的值。

当变量的值超过它能表示的最大值时会"滚回"最小值，反向也会出现这种现象。例如：

```
unsigned int x
x = 0;
x = x − 1;          // x 现在等于 65535--向负数方向滚回
x = x + 1;          // x 现在等于 0--滚回
```

8. word(字)

一个 word(字)存储一个 16 位无符号数的字符，取值范围为 0~65 535，与 unsigned int 相同。

9. long(长整型)

长整型变量是扩展的数字存储变量，可以存储 32 位(4 字节)大小的变量，取值范围为 −2 147 483 648~2 147 483 647。

示例：

```
long speedOfLight = 186000L;      //参见整数常量"L"的说明
```

10. unsigned long(无符号长整型)

无符号长整型变量扩充了变量容量以存储更大的数据，它能存储 32 位(4 字节)数据。与标准长整型不同，无符号长整型无法存储负数，其取值范围为 0~4 294 967 295。

示例：

```
unsigned long time;

void setup()
{
    Serial.begin(9600);
}

void loop()
{
  Serial.print("Time: ");
  time = millis();
//程序开始后一直打印时间
  Serial.println(time);
//等待一秒钟，以免发送大量的数据
    delay(1000);
}
```

11．float(单精度浮点型)

浮点型数据，就是有一个小数点的数字。浮点数经常被用来近似的模拟连续值，因为它们有比整数更大的精确度。浮点数的取值范围为 3.4028235 E+38～–3.4028235E +38。它被存储为 32 位(4 字节)的信息。

float 只有 6～7 位有效数字。这指的是总位数，而不是小数点右边的数字。与其他平台不同的是，在那里可以使用 double 型得到更精确的结果(如 15 位)。在 Arduino 上，double 型与 float 型的大小相同。

浮点数字在有些情况下是不准确的，在数据大小比较时，可能会产生奇怪的结果。例如 6.0 / 3.0 可能不等于 2.0。应该使两个数字之间的差额的绝对值小于一些小的数字，这样就可以近似的得到这两个数字相等这样的结果。

浮点运算速度远远慢于执行整数运算，例如，如果这个循环有一个关键的计时功能，并需要以最快的速度运行，就应该避免浮点运算。程序员经常使用较长的程式把浮点运算转换成整数运算来提高速度。

示例：

```
int x;
int y;
float z;

x = 1;
y = x / 2;              // y 为 0，因为整数不能容纳分数
z = (float)x / 2.0;     // z 为 0.5(必须使用 2.0 做除数，而不是 2)
```

12. double(双精度浮点型)

双精度浮点数占用 4 个字节，目前的 Arduino 上的 double 实现和 float 相同，精度并未提高。

如果从其他地方得到的代码中包含了 double 类变量，则最好检查一遍代码以确认其中的变量的精确度能否在 Arduino 上达到。

13. string(字符串)

文本字符串可以有两种表现形式，可以使用字符串数据类型；或者可以做一个字符串，由 char 类型的数组和空终止字符('\0')构成。本节描述了后一种方法。而字符串对象(String Object)拥有更多的功能，同时也消耗更多的内存资源。

以下所有字符串都是有效的声明。

```
char Str1[15];
char Str2[8] = {'a', 'r', 'd', 'u', 'i', 'n', 'o'};
char Str3[8] = {'a', 'r', 'd', 'u', 'i', 'n', 'o', '\0'};
char Str4[ ] = "arduino";
char Str5[8] = "arduino";
char Str6[15] = "arduino";
```

声明字符串的解释：

(1) 在 Str1 中声明一个没有初始化的字符数组；

(2) 在 Str2 中声明一个字符数组(包括一个附加字符)，编译器会自动添加所需的空字符；

(3) 在 Str3 中明确加入空字符；

(4) 在 Str4 中用引号分隔初始化的字符串常数，编译器将调整数组的大小，以适应字符串常量和终止空字符；

(5) 在 Str5 中初始化一个包括明确的尺寸和字符串常量的数组；

(6) 在 Str6 中初始化数组，预留额外的空间用于一个较大的字符串。

一般来说，字符串的结尾有一个空终止字符(ASCII 代码 0)，以此让功能函数(例如 Serial.pring())知道一个字符串的结束。否则，它们将从内存继续读取后续字节，而这些并不属于所需字符串的一部分。

这意味着，字符串比想要的文字包含更多的字符空间。这就是为什么 Str2 和 Str5 需要 8 个字符，即使 "Arduino" 只有 7 个字符(最后一个位置会自动填充空字符)。Str4 将自动调整为 8 个字符，包括一个额外的空。在 Str3 中，已经明确地包含了空字符(写入 \0)。

需要注意的是：字符串可能没有一个最后的空字符(例如若在 Str2 中定义字符长度为 7，而不是 8)，这会破坏大部分使用字符串的功能，所以不要故意而为之。如果注意到一些奇怪的现象(在字符串中操作字符)，基本就是这个原因导致的。

定义字符串时使用双引号(例如 "ABC")，而定义一个单独的字符时使用单引号(例如 'A')包装长字符串。当应用包含大量的文字，如带有液晶显示屏的一个项目，建立一个字符串数组是非常便利的。因为字符串本身就是数组，它实际上是一个两维数组的典型。

在下面的代码，"char*" 在字符数据类型 char 后跟了一个星号 "*" 表示这是一个"指针"数组。所有的数组名实际上是指针，所以这需要一个数组的数组。指针对于 C 语言初学者而言是非常深奥的部分之一,但没有必要了解详细指针,就可以有效地应用它。

示例:

```
char* myStrings[]={
    "This is string 1", "This is string 2", "This is string 3",
    "This is string 4", "This is string 5","This is string 6"};

void setup(){
    Serial.begin(9600);
}

void loop(){
    for (int i = 0; i < 6; i++){
        Serial.println(myStrings[i]);
        delay(500);
    }
}
```

14. String(C++)

String 类允许实现比运用字符数组更复杂的文字操作,可以连接字符串、增加字符串、寻找和替换子字符串以及其他操作。它比使用一个简单的字符数组需要更多的内存,但它更方便。

字符串数组都用小写的 string 表示而 String 类的实例通常用大写的 String 表示。注意,在"双引号"内指定的字符常量通常被作为字符数组,而并非 String 类实例。

常用函数如下:

(1) String;

(2) charAt();

(3) compareTo();

(4) concat();

(5) endsWith();

(6) equals();

(7) equalsIgnoreCase();

(8) GetBytes();

(9) indexOf();

(10) lastIndexOf;

(11) length;

(12) replace();

(13) setCharAt();

(14) startsWith();

(15) substring();

(16) toCharArray();

(17) toLowerCase();

(18) toUpperCase();

(19) trim()。

常用操作符如下：

(1) [](元素访问)；

(2) +(串连)；

(3) ==(比较)。

15．array(数组)

数组是一种可访问的变量的集合。Arduino 的数组是基于 C 语言的，因此这会变得很复杂，但使用简单的数组是比较简单的。

下面的方法都可以用来创建(声明)数组。

```
//声明一个未初始化数组
myInts [6];
//在数组 myPins 中，声明了一个没有明确大小的数组。编译器将会计算元素的大小，并创建一个适当大小的数组。
    myPins [] = {2，4，8，3，6};
//当然，也可以初始化数组的大小，例如在 mySensVals 中。
    mySensVals [6] = {2，4，−8，3，2};
//注意，当声明一个 char 类型的数组时，初始化的大小必须大于元素的个数，以容纳所需的空字符。
    char message[6] = "hello";
```

数组是从零开始索引的，也就是说上面所提到的数组初始化，数组第一个元素为索引 0，因此：mySensVals [0] == 2，mySensVals [1] == 4，依此类推。这也意味着，在包含十个元素的数组中，索引 9 是最后一个元素。如：

```
int myArray[10] = {9,3,2,4,3,2,7,8,9,11};
// myArray[9]的数值为 11
// myArray[10]，该索引是无效的，它将会是任意的随机信息(内存地址)
```

出于这个原因，在访问数组时应该小心。若访问的数据超出数组的末尾(即索引数大于声明的数组的大小 −1)，则将从其他内存中读取数据。从这些地方读取的数据，除了产生无效的数据外，没有任何作用。向随机存储器中写入数据绝对是一个坏主意，通常会导致不愉快的结果，如导致系统崩溃或程序故障。要排查这样的错误也是一件难事。不同于 BASIC 或 JAVA，C 语言编译器不会检查访问的数组是否大于声明的数组。

数组往往在 for 循环中进行操作，循环计数器可用于访问每个数组元素。例如，将数组中的元素通过串口打印，可以这样做：

```
int i;
for (i = 0; i < 5; i = i + 1) {
    Serial.println(myPins[i]);
}
```

2.5.3 数据类型转换

(1) 将一个值的类型转换为char()类型的方法如表2-4所示。

表2-4 转换为char()类型

描 述	语 法	参 数	返 回
将一个值的类型变为char	char(x)	x：任何类型的值	char

(2) 将一个值的类型转换为byte()类型的方法如表2-5所示。

表2-5 转换为byte()类型

描 述	语 法	参 数	返 回
将一个值转换为字节型数值	byte(x)	x：任何类型的值	字节

(3) 将一个值的类型转换为int()类型的方法如表2-6所示。

表2-6 转换为int()类型

描 述	语 法	参 数	返 回
将一个值转换为int类型	int(x)	x：任何类型的值	int

(4) 将一个值的类型转换为word()类型的方法如表2-7所示。

表2-7 转换为word()类型

描 述	语 法	参 数	返 回
把一个值转换为 word 数据类型的值，或由两个字节创建一个字符	word(x) word(h, l)	x：任何类型的值 h：高阶(最左边)字节 l：低序(最右边)字节	字符

(5) 将一个值的类型转换为long()类型的方法如表2-8所示。

表2-8 转换为long()类型

描 述	语 法	参 数	返 回
将一个值转换为长整型数据类型	long(x)	x：任意类型的数值	长整型数

(6) 将一个值的类型转换为float()类型的方法如表2-9所示。

表2-9 转换为float()类型

描 述	语 法	参 数	返 回
将一个值转换为float型数值	float(x)	x：任何类型的值	float型数

2.5.4 变量作用域和修饰符

1．变量作用域

在 Arduino 使用的 C 编程语言的变量，有一个名为作用域(scope)的属性。这一点与类似 BASIC 的语言形成了对比，在 BASIC 语言中所有变量都是全局(global)变量。

在一个程序内的全局变量是可以被所有函数所调用的。局部变量只在声明它们的函数内可见。在 Arduino 的环境中，任何在函数(例如，setup()、loop()等)外声明的变量，都是全局变量。

当程序变得更大更复杂时，局部变量是一个有效确定每个函数只能访问其自己变量的途径。这可以防止，当一个函数无意中修改另一个函数使用的变量的程序错误。

有时在一个 for 循环内声明并初始化一个变量也是很方便的选择。这将创建一个只能从 for 循环的括号内访问的变量。

示例：

```
int gPWMval;      // 任何函数都可以调用此变量

void setup()
{
  // ...
}

void loop()
{
  int i;          // "i" 只在 "loop" 函数内可用
  float f;        // "f" 只在 "loop" 函数内可用
  // ...

  for (int j = 0; j <100; j++){
    //变量 j 只能在循环括号内访问
  }
}
```

2. static (静态变量)

static 关键字用于创建只对某一函数可见的变量。然而，和局部变量不同的是，局部变量在每次调用函数时都会被创建和销毁，而静态变量在函数调用后仍然保持着原来的数据。

静态变量只会在函数第一次调用的时候被创建和初始化。

示例：

```
/* RandomWalk
 * RandomWalk 函数在两个终点间随机的上下移动
 * 在一个循环中最大的移动由参数"stepsize"决定
 *一个静态变量向上和向下移动一个随机量
 *这种技术也被叫做"粉红噪声"或"醉步"
 */

#define randomWalkLowRange −20
```

```
#define randomWalkHighRange 20

int stepsize;

int thisTime;
int total;

void setup()
{
    Serial.begin(9600);
}

void loop()
{           // 测试 randomWalk 函数
  stepsize = 5;
  thisTime = randomWalk(stepsize);
serial.println(thisTime);
    delay(10);
}

int randomWalk(int moveSize){
    static int   place;         //在 randomWalk 中存储变量
                                //声明为静态，因此它在函数调用之间能保持数据，但其他函数
                                //无法改变它的值

  place = place + (randomWalk(-moveSize, moveSize + 1));

   if (place < randomWalkLowRange){                    // 检查上下限
     place = place + (randomWalkLowRange – place);     // 将数字变为正方向
   }
    else if(place > randomWalkHighRange){
      place = place – (place – randomWalkHighRange);   // 将数字变为负方向
   }
    return place;
}
```

3. volatile (易变变量)

  volatile 这个关键字是变量修饰符，常用在变量类型的前面，以告诉编译器和接下来的程序怎么对待这个变量。

声明一个 volatile 变量是编译器的一个指令。编译器是一个将 C/C++ 代码转换成机器码的软件，机器码是 Arduino 上的 Atmega 芯片能识别的真正指令。

具体来说，它指示编译器编译从 RAM 而非存储寄存器中读取的变量，存储寄存器是程序存储和操作变量的一个临时地方。在某些情况下，存储在寄存器中的变量值可能是不准确的。

如果一个变量所在的代码段可能会意外地导致变量值改变，那么此变量应声明为 volatile，比如并行多线程等。在 Arduino 中，唯一可能发生这种现象的地方就是和中断有关的代码段，称为中断服务程序。

示例：

```
//当中断引脚改变状态时，开闭 LED

int pin = 13;
volatile int state = LOW;

void setup()
{
  pinMode(pin, OUTPUT);
  attachInterrupt(0, blink, CHANGE);
}

void loop()
{
  digitalWrite(pin, state);
}

void blink()
{
  state = !state;
}
```

4．const（不可改变变量）

const 关键字代表常量。它是一个变量限定符，用于修改变量的性质，使其变为只读状态。这意味着该变量，就像任何相同类型的其他变量一样使用，但不能改变其值。如果尝试为一个 const 变量赋值，那么编译时将会报错。

const 关键字定义的常量，遵守 variable scoping 管辖的其他变量的规则，这一点加上使用 #define 定义常量的缺陷，使 const 关键字成为定义常量的一个的首选方法。

示例：

```
const float pi = 3.14;
float x;
```

```
// ...

x = pi * 2;        // 在数学表达式中使用常量不会报错

pi = 7;            // 错误的用法：不能修改常量值或给常量赋值。
```

2.5.5 辅助工具 sizeof()

辅助工具 sizeof()操作符返回一个变量类型的字节数，或者该数在数组中占有的字节数。其语法及参数如表 2-10 所示。

表 2-10 sizeof()语法及参数

语　法	参　数
sizeof(variable)	variable: 任何变量类型或数组(如 int、float、byte)

示例：sizeof()操作符用来处理数组非常有效，它能很方便地改变数组的大小而不用破坏程序的其他部分。这个程序一次打印出一个字符串文本的字符。尝试改变以下字符串：

```
char myStr[] = "this is a test";
int i;

void setup(){
    Serial.begin(9600);
}

void loop()
{
    for (i = 0; i < sizeof(myStr) – 1; i++){
        Serial.print(i, DEC);
        Serial.print(" = ");
        Serial.println(myStr[i], BYTE);
    }
}
```

请注意 sizeof()返回字节数总数。因此，较大变量类型(如整数)的 for 循环看起来应该像以下这样：

```
for (i = 0; i < (sizeof(myInts)/sizeof(int)) - 1; i++) {
    //用 myInts[i]来做些事
}
```

2.6 基 本 函 数

2.6.1 数字 I/O

1. pinMode()(设置引脚模式)

格式：
  void pinMode (uint8_t pin, uint8_t mode)

作用：配置引脚为输出或输出模式。

参数：

(1) pin：引脚编号；

(2) mode：INPUT、OUTPUT 或 INPUT_PULLUP。

示例：

```
int ledPin = 13;                    // LED connected to digital pin 13

void setup()
{
   pinMode(ledPin, OUTPUT);         // sets the digital pin as output
}

void loop()
{
   digitalWrite(ledPin, HIGH);      // sets the LED on
   delay(1000);                     // waits for a second
   digitalWrite(ledPin, LOW);       // sets the LED off
   delay(1000);                     // waits for a second
}
```

注解：模拟引脚也可以当作数字引脚使用，编号为 14(对应模拟引脚 0)至 19(对应模拟引脚 5)。

2. digitalWrite()(写数字引脚)

格式：
  void digitalWrite (uint8_t pin, uint8_t value)

作用：写数字引脚，对应引脚的高低电平。在写引脚之前，需要将引脚设置为 OUTPUT 模式。

参数：

(1) pin：引脚编号；

(2) value：HIGH 或 LOW。

示例：

```
int ledPin = 13;                    // LED connected to digital pin 13

void setup()
{
   pinMode(ledPin, OUTPUT);         // sets the digital pin as output
}

void loop()
{
   digitalWrite(ledPin, HIGH);      // 点亮 LED
   delay(1000);                     // 等待 1 秒
   digitalWrite(ledPin, LOW);       // 关掉 LED
   delay(1000);                     // 等待 1 秒
}
```

3．digitalRead()(读数字引脚)

格式：

　　int digitalRead (uint8_t pin)

作用：读数字引脚，返回引脚的高低电平。在读引脚之前，需要将引脚设置为 INPUT 模式。

参数：pin 为引脚编号。

返回值：HIGH 或 LOW。

示例：

```
int ledPin = 13;                    // LED connected to digital pin 13
int inPin = 7;                      // pushbutton connected to digital pin 7
int val = 0;                        // variable to store the read value

void setup()
{
   pinMode(ledPin, OUTPUT);         // sets the digital pin 13 as output
   pinMode(inPin, INPUT);           // sets the digital pin 7 as input
}

void loop()
{
   val = digitalRead(inPin);        // read the input pin
   digitalWrite(ledPin, val);       // sets the LED to the button's value
}
```

注解：如果引脚没有链接到任何地方，那么将随机返回 HIGH 或 LOW。

2.6.2 模拟 I/O

1．analogReference()(配置参考电压)

格式：

  void analogReference (uint8_t type)

作用：配置模式引脚的参考电压。函数 analogRead 在读取模拟值之后，将根据参考电压将模拟值转换到[0,1023]区间。有以下类型：

(1) DEFAULT：默认 5V。

(2) INTERNAL：低功耗模式。ATmega168 和 ATmega8 对应 1.1～2.56 V。

(3) EXTERNAL：扩展模式。通过 AREF 引脚获取参考电压。

参数：type 为参考类型(DEFAULT/INTERNAL/EXTERNAL)。

2．analogRead()(读模拟引脚)

格式：

  int analogRead (uint8_t pin)

作用：读模拟引脚，每读一次需要花 1 微秒的时间。

参数：pin 为引脚编号。

返回值：0～1023 之间的值。

示例：

```
int analogPin = 3;        // potentiometer wiper (middle terminal) connected to analog pin 3
                          // outside leads to ground and +5V
int val = 0;              // variable to store the value read

void setup()
{
    Serial.begin(9600);          // setup Serial
}

void loop()
{
    val = analogRead(analogPin);    // read the input pin
    Serial.println(val);            // debug value
}
```

3．analogWrite()(写模拟引脚)

格式：

  void analogWrite (uint8_t pin, int value)

作用：写一个模拟值(PWM)到引脚。可以用来控制 LED 的亮度，或者控制电机的转速。

在执行该操作后，应该等待一定时间后才能对该引脚进行下一次的读或写操作。PWM 的频率大约为 490 Hz。在一些基于 ATmega168 的新的 Arduino 控制板(如 Mini 和 BT)中，该函数支持这些引脚：3、5、6、9、10、11。在基于 ATmega8 的型号中支持 9、10、11 引脚。

参数：

(1) pin：引脚编号；

(2) value：0~255 之间的值，其中 0 对应 off，255 对应 on。

示例：

```
int ledPin = 9;            // LED connected to digital pin 9
int analogPin = 3;         // potentiometer connected to analog pin 3
int val = 0;               // variable to store the read value

void setup()
{
  pinMode(ledPin, OUTPUT);   // sets the pin as output
}

void loop()
{
  val = analogRead(analogPin);   // read the input pin
  analogWrite(ledPin, val / 4);  // analogRead values go from 0 to 1023,
                                 // analogWrite values from 0 to 255
}
```

2.6.3 高级 I/O

1．shiftOut()(位移输出函数)

格式：

　　void shiftOut (uint8_t dataPin, uint8_t clockPin, uint8_t bitOrder, byte val)

作用：输入 val 数据后 Arduino 会自动把数据移动分配到 8 个并行输出端。其中 dataPin 为连接 DS 的引脚号；clockPin 为连接 SH_CP 的引脚号；bitOrder 为设置数据位移顺序，分别为高位先入 MSBFIRST 或者低位先入 LSBFIRST。

参数：

(1) dataPin：数据引脚；

(2) clockPin：时钟引脚；

(3) bitOrder：移位顺序(MSBFIRST 或 LSBFIRST)；

(4) val：数据。

示例：

```
// Do this for MSBFIRST serial
int data = 500;
```

```
// shift out highbyte
shiftOut(dataPin, clock, MSBFIRST, (data >> 8));
// shift out lowbyte
shiftOut(dataPin, clock, MSBFIRST, data);

// Or do this for LSBFIRST serial
data = 500;
// shift out lowbyte
shiftOut(dataPin, clock, LSBFIRST, data);
// shift out highbyte
shiftOut(dataPin, clock, LSBFIRST, (data >> 8));
```

2．pulseIn()(读脉冲)

格式：

unsigned long pulseIn (uint8_t pin, uint8_t state, unsigned long timeout)

作用：读引脚的脉冲，脉冲可以是 HIGH 或 LOW。如果是 HIGH，函数将先等引脚变为高电平，然后开始计时，一直到变为低电平时为止。返回脉冲持续的时间长短，单位为微秒。如果超时还没有读到的话，将返回 0。

参数：

(1) pin：引脚编号；

(2) state：脉冲状态；

(3) timeout：超时时间(μs)。

示例：下面的例子演示了统计高电平的继续时间。

```
int pin = 7;
unsigned long duration;

void setup()
{
    pinMode(pin, INPUT);
}

void loop()
{
    duration = pulseIn(pin, HIGH);
}
```

2.6.4 时间

1．millis()(毫秒时间)

格式：

unsigned long millis (void)

作用：获取机器运行的时间长度，单位毫秒。系统最长的记录时间接近 50 天，如果超出时间将从 0 开始。注意，时间为 unsigned long 类型，如果用 int 保存时间将得到错误的结果。

2. delay(ms)(延时(毫秒))

格式：

  void delay (unsigned long ms)

作用：延时，单位毫秒(1 秒有 1000 毫秒)。注意，参数为 unsigned long，因此在延时参数超过 32767(int 型最大值)时，需要用"UL"后缀表示为无符号长整型，例如：delay(60000UL)。同样在参数表达式，当表达式中有 int 类型时，需要强制转换为 unsigned long 类型，例如：delay((unsigned long)tdelay * 100UL)。

示例：设置 13 引脚对应的 LED 等以 1 秒频率闪烁。

```
int ledPin = 13;                    // LED connected to digital pin 13

void setup()
{
    pinMode(ledPin, OUTPUT);        // sets the digital pin as output
}

void loop()
{
    digitalWrite(ledPin, HIGH);     // sets the LED on
    delay(1000);                    // waits for a second
    digitalWrite(ledPin, LOW);      // sets the LED off
    delay(1000);                    // waits for a second
}
```

3. delayMicroseconds(us)(延时(微秒))

格式：

  void delayMicroseconds (unsigned int us)

作用：延时，单位为微秒(1 毫秒有 1000 微秒)。如果延时的时间有几千微秒，那么建议使用 delay 函数。目前参数最大支持 16383 微秒(不过以后的版本中可能会变化)。

示例：以下代码向第 8 号引脚发送脉冲，每次脉冲持续 50 微秒的时间。

```
int outPin = 8;                     // digital pin 8

void setup()
{
    pinMode(outPin, OUTPUT);        // sets the digital pin as output
}
```

```
    void loop()
    {
        digitalWrite(outPin, HIGH);         // sets the pin on
        delayMicroseconds(50);              // pauses for 50 microseconds
        digitalWrite(outPin, LOW);          // sets the pin off
        delayMicroseconds(50);              // pauses for 50 microseconds
    }
```

2.6.5 数学库

1．min()(最小值)

取两者之间最小值，语法格式如下：

    #define min(a, b) ((a)<(b)?(a):(b))

例如：

```
    sensVal = min(sensVal, 100);    // assigns sensVal to the smaller of sensVal or 100
                                    // ensuring that it never gets above 100.
```

2．max()(最大值)

取两者之间最大值，语法格式如下：

    #define max(a, b) ((a)>(b)?(a):(b))

例如：

```
    sensVal = max(senVal, 20);      // assigns sensVal to the larger of sensVal or 20
                                    // (effectively ensuring that it is at least 20)
```

3．abs()(求绝对值)

求绝对值的语法格式如下：

    abs(x)   ((x)>0?(x): –(x))

4．constrain()(调整到区间)

constrain()的语法格式如下：

    #define constrain(amt, low, high) ((amt)<(low)?(low):((amt)>(high)?(high):(amt)))

如果值 amt 小于 low，则返回 low；如果 amt 大于 high，则返回 high；否则，返回 amt。一般可以用于将值归一化到某个区间。

例如：

```
    sensVal = constrain(sensVal, 10, 150);
    // limits range of sensor values to between 10 and 150
```

5．map()(等比映射)

格式：

    long map (long   x,

```
        long    in_min,
        long    in_max,
        long    out_min,
        long    out_max
    )
```

作用：将位于[in_min, in_max]之间的 x 映射到[out_min, out_max]。

参数：

(1) x：要映射的值；

(2) in_min：映射前区间；

(3) in_max：映射前区间；

(4) out_min：映射后区间；

(5) out_max：映射后区间。

示例：下面的代码中用 map 将模拟量从[0, 1023]映射到[0, 255]区间。

```
// Map an analog value to 8 bits (0 to 255)
void setup() { }

void loop()
{
    int val = analogRead(0);
    val = map(val, 0, 1023, 0, 255);
    analogWrite(9, val);
}

long map(long x, long in_min, long in_max, long out_min, long out_max)
{
    return (x - in_min) * (out_max - out_min) / (in_max - in_min) + out_min;
}
```

6．pow()(指数函数)

指数函数语法格式如下：

  double   pow (float base, float exponent)

7．sqrt()(开平方)

开平方语法格式如下：

  double   sqrt (double x)

2.6.6　三角函数

三角函数 sin()、cos()、tan()的定义如下：

```
float sin (float rad)
//正弦函数
```

```
float cos (float rad)
//余弦函数
float tan (float rad)
//正切函数
```

2.6.7 随机数及设置随机种子

1. randomSeed()(设置随机种子)

格式：

  void randomSeed (unsigned int seed)

作用：可以用当前时间作为随机种子，随机种子的设置对产生的随机序列有影响。

参数：seed 为随机种子。

2. random()(生成随机数)

格式 1：

  long random (long howbig)

作用：生成[0, howbig-1]范围的随机数。

参数：howbig 为最大值。

格式 2：

  long random (long howsmall, long howbig)

作用：生成[howsmall, howbig-1]范围的随机数。

参数：

(1) howsmall：最小值；

(2) howbig：最大值。

2.6.8 位操作

位操作的语法格式如下：

```
#define    lowByte(w)       ((w) & 0xff)
    //取低字节


#define    highByte(w)      ((w) >> 8)
    //取高字节


#define    bitRead(value, bit)      (((value) >> (bit)) & 0x01)
    //读一个 bit


#define    bitWrite(value, bit, bitvalue)     (bitvalue ? bitSet(value, bit) : bitClear(value, bit))
    //写一个 bit
```

```
#define  bitSet(value, bit)     ((value) |= (1UL << (bit)))
    //设置一个 bit


#define  bitClear(value, bit)   ((value) &= ~(1UL << (bit)))
    //清空一个 bit


#define  bit(b)    (1 << (b))
    //生成相应 bit
```

2.6.9 设置中断函数

1. attachInterrupt()(设置中断)

格式：
　　void attachInterrupt (unit8_t interruptNum, void(*)(void)userFunc, int mode)

作用：指定中断函数。外部中断有 0 和 1 两种，一般对应 2 号和 3 号数字引脚。

参数：

(1) interrupt Num：中断类型，0 或 1；

(2) user Func：对应函数；

(3) mode：触发方式。有以下几种：

① LOW：低电平触发中断；

② CHANGE：变化时触发中断；

③ RISING：低电平变为高电平触发中断；

④ FALLING：高电平变为低电平触发中断。

注意：在中断函数中 delay 函数不能使用，millis 始终返回进入中断前的值。读串口数据的话，可能会丢失。中断函数中使用的变量需要定义为 volatile 类型。

示例：下面的例子通过外部引脚触发中断函数，然后控制 LED 的闪烁。

```
int pin = 13;
volatile int state = LOW;

void setup()
{
    pinMode(pin, OUTPUT);
    attachInterrupt(0, blink, CHANGE);
}

void loop()
{
    digitalWrite(pin, state);
}
```

```
void blink()
{
    state = !state;
}
```

2. detachInterrupt()(取消中断)

格式：
  void detachInterrupt (uint8_t interruptNum)

作用：取消指定类型的中断。

参数：interrupt 为中断的类型。

3. interrupts()(开中断)

开中断的定义格式如下：
  #define interrupts() sei()

示例：

```
void setup() { }

void loop()
{
    noInterrupts();
    // critical, time-sensitive code here
    interrupts();
    // other code here
}
```

4. noInterrupts()(关中断)

关中断的定义格式如下：
  #define noInterrupts() cli()

示例：

```
void setup() { }

void loop()
{
    noInterrupts();
    // critical, time-sensitive code here
    interrupts();
    // other code here
}
```

2.6.10 串口通信

1. begin()(打开串口)

格式：
    void HardwareSerial::begin (long speed)

参数：speed 为波特率。

2. available()

格式：
    Serial.available()
    Arduino Mega：
        Serial1.available() Serial2.available() Serial3.available()

作用：获取串口上可读取的数据的字节数。该数据是指已经到达并存储在接收缓存(共有 64 字节)中。available()继承自 Stream 实用类。

参数：无。

返回值：返回可读取的字节数。

示例：

```
int incomingByte = 0;    // for incoming serial data

void setup() {
        Serial.begin(9600);      // opens serial port, sets data rate to 9600 bps
}

void loop() {

        // send data only when you receive data:
        if (Serial.available() > 0) {
                // read the incoming byte:
                incomingByte = Serial.read();

                // say what you got:
                Serial.print("I received: ");
                Serial.println(incomingByte, DEC);
        }
}
Arduino Mega example:
void setup() {
  Serial.begin(9600);
  Serial1.begin(9600);
```

```
}
void loop() {
  // read from port 0, send to port 1:
  if (Serial.available()) {
    int inByte = Serial.read();
    Serial1.print(inByte, BYTE);
  }
  // read from port 1, send to port 0:
  if (Serial1.available()) {
    int inByte = Serial1.read();
    Serial.print(inByte, BYTE);
  }
}
```

3. read()

格式：

　　Serial.read()

　　Arduino Mega：

　　　　Serial1.read() Serial2.read() Serial3.read()

作用：读串口数据，read()继承自 Stream 实用类。

参数：无。

返回值：串口上第一个可读取的字节(如果没有可读取的数据则返回 –1)为 int 型。

示例：

```
int incomingByte = 0;              // 用于存储从串口读到的数据

void setup() {
        Serial.begin(9600);        // 打开串口，设置速率为 9600 bps
}

void loop() {
        // 只在收到数据时发送数据
        if (Serial.available() > 0) {
                // 读取传入的字节
                incomingByte = Serial.read();

                // 指示你收到的数据
                Serial.print("I received: ");
                Serial.println(incomingByte, DEC);
```

        }
    }

4. flush()

flush()为刷新串口数据。

5. print()

格式：

  Serial.print(val)

  Serial.print(val, format)

作用：往串口发数据，无换行。以人类可读的 ASCII 码形式向串口发送数据，该函数有多种格式。整数的每一数位将以 ASCII 码形式发送。浮点数同样以 ASCII 码形式发送，默认保留小数点后两位。字节型数据将以单个字符形式发送。字符和字符串会以其相应的形式发送。

参数：

(1) val：要发送的数据(任何数据类型)

(2) format：指定数字的基数(用于整型数)或者小数的位数(用于浮点数)。

返回值：size_t (long)：print()返回发送的字节数(可丢弃该返回值)。

示例 1：

  Serial.print(78) 发送 "78"

  Serial.print(1.23456) 发送 "1.23"

  Serial.print('N') 发送 "N"

  Serial.print("Hello world.") 发送 "Hello world."

可选的第二个参数用于指定数据的格式。允许的值为：BIN (binary 二进制)，OCT(octal 八进制)，DEC(decimal 十进制)，HEX(hexadecimal 十六进制)。对于浮点数，该参数指定小数点的位数。例如：

  Serial.print(78, BIN) gives "1001110"

  Serial.print(78, OCT) gives "116"

  Serial.print(78, DEC) gives "78"

  Serial.print(78, HEX) gives "4E"

  Serial.println(1.23456, 0) gives "1"

  Serial.println(1.23456, 2) gives "1.23"

  Serial.println(1.23456, 4) gives "1.2346"

可以用 F()把待发送的字符串包装到 flash 存储器。例如：

  Serial.print(F("Hello World"))

要发送单个字节数据，需使用 Serial.write()。

示例 2：

  /*

  Uses a FOR loop for data and prints a number in various formats.

  */

```
int x = 0;         // variable

void setup() {
   Serial.begin(9600);              // open the serial port at 9600 bps:
}

void loop() {
   // print labels
   Serial.print("NO FORMAT");       // prints a label
   Serial.print("\t");              // prints a tab

   Serial.print("DEC");
   Serial.print("\t");

   Serial.print("HEX");
   Serial.print("\t");

   Serial.print("OCT");
   Serial.print("\t");

   Serial.print("BIN");
   Serial.print("\t");

   for(x=0; x< 64; x++){            // only part of the ASCII chart, change to suit

      // print it out in many formats:
      Serial.print(x);              // print as an ASCII-encoded decimal - same as "DEC"
      Serial.print("\t");           // prints a tab

      Serial.print(x, DEC);         // print as an ASCII-encoded decimal
      Serial.print("\t");           // prints a tab

      Serial.print(x, HEX);         // print as an ASCII-encoded hexadecimal
      Serial.print("\t");           // prints a tab

      Serial.print(x, OCT);         // print as an ASCII-encoded octal
      Serial.print("\t");           // prints a tab

      Serial.println(x, BIN);       // print as an ASCII-encoded binary
```

```
        // then adds the carriage return with "println"
    delay(200);              // delay 200 milliseconds
}
Serial.println("");          // prints another carriage return
}
```

编程技巧：在版本 1.0 时，串口传输是异步的，Serial.print()会在数据发送完成前返回。

6．println()

println()的作用是往串口发数据，类似 Serial.print()，但有换行。

7．write()

格式：

    Serial.write(val)

    Serial.write(str)

    Serial.write(buf, len)

Arduino Mega 也支持：Serial1、Serial2、Serial3(在 Serial 的位置)。

作用：写二进制数据到串口，数据是一个字节一个字节地发送的，若以字符形式发送数字则使用 print()代替。

参数：

(1) val：作为单个字节发送的数据；

(2) str：由一系列字节组成的字符串；

(3) buf：同一系列字节组成的数组；

(4) len：要发送的数组的长度。

返回值：byte。

write()会返回发送的字节数，所以读取该返回值是可选的。

示例：

```
void setup(){
    Serial.begin(9600);
}

void loop(){
    Serial.write(45);           // 以二进制形式发送数字 45
    int bytesSent = Serial.write("hello");   //发送字符串"hello"并返回该字符串的长度
}
```

8．peak()

格式：可参照 Serail.read()。

作用：返回收到的串口数据的下一个字节(字符)，但是并不把该数据从串口数据的缓存中清除。就是说，每次成功调用 peak()将返回相同的字符。与 read()一样，peak()继承自 Stream 实用类。

9. serialEvent()

格式:

```
void serialEvent(){
//statements
}

Arduino Mega only:
void serialEvent1(){
//statements
}

void serialEvent2(){
//statements
}

void serialEvent3(){
//statements
}
```

作用:当串口有数据到达时调用该函数(然后使用 Serial.read()捕获该数据)。

注意:目前 serialEvent()并不兼容于 Esplora、Leonardo 或 Micro。

第 3 章 自动控制装置

3.1 自动控制装置三要素

我们用 Arduino 做的小制作都可以称为是一个简单的自动控制装置。一个简单自动控制的装置，通常会有三个元素(见图 3-1)，输入、控制和输出。输入设备来搜集信号，控制器对接收到的信号进行处理，最后再由输出设备输出信号。我们以人来说，五感就是输入信号，把信号送到大脑，大脑再做出反应，输出的就是人的行为。

图 3-1 自动控制装置三要素

而在 Arduino 的世界里也同样有输入、控制与输出。Arduino 的五感是通过各式各样的传感器来实现的。Arduino 控制器好比是人的大脑，来反应和处理信号。最后输出主要有声、光(Led)、动(直流电机、舵机)等表现形式。

做个简单的比喻吧！有个人叫你，你随即就回答："听到了"。这里，你的耳朵就是输入设备，你的大脑就是控制设备，嘴巴就是你的输出设备。那整个过程我们如何通过 Arduino 来实现呢？

最简单的，通过一个声音传感器，一听到有声音，Arduino 就会接收到一个信号，然后，Arduino 就让蜂鸣器"吱"一声表示回答。我们来分析一下，这里，声音传感器就是输入设备，Arduino 就是控制设备，最后蜂鸣器就是输出设备。

思考：能否识别出套件中哪些可做输入设备，哪些可做输出设备？

1. 输入设备(传感器)

传感器是一种物理装置或生物器官，能够探测、感受外界的信号、物理条件(如光、热、湿度)或化学组成(如烟雾)，并将探知的信息传递给其他装置或器官。传感器的作用是将一种能量转换成另一种能量形式,所以不少学者也用"换能器-Transducer"来称谓"传感器-Sensor"。

传感器接口分为以下三种:
(1) 数字接口;
(2) 模拟接口;
(3) 协议接口(数字)。协议接口也是数字接口的一种,常用的有 I2C、Serial、SPI。

2. 控制设备(Arduino)

不用多说,控制设备就是 Arduino 的控制器。我们这里选用的是 Arduino UNO。前面已经讲过控制器好比人的大脑的作用,用来处理事情。

3. 输出设备(执行器)

执行器也有很多种,最常见的是"动"。好比人的动作,任何动作需要借助电机来完成。有了电机才能让东西"动"起来。其他的还有"声音"、"光"等表现形式。蜂鸣器和喇叭就可以实现声音的输出。

输入设备、控制器、输出设备都是指硬件,固然重要,就像人的躯体。那人的思想是不是更重要?思想才是控制人行为的根源。大脑其实就是思想的载体,两者缺一不可。有没有联想到 Arduino 中?代码的作用就是思想的作用。虽然我们有控制器,但它不知道怎么去做,需要我们告诉它,而我们告诉它的方式就是通过代码。现在大家知道代码的重要性了吗?

3.2 电子世界的"数字"与"模拟"

前面说了,输入设备需要采集信号,再把这个信息发给 Arduino,Arduino 再发给信号输出设备。三个设备之间通过信号联系在一起,代码是处理这些信号的。下面了解下电子世界的信号是怎么样的?输入设备与控制器是以什么形式"交流"的呢?同样控制器又是怎么与输出设备"沟通"的呢?这里需要知道电子世界的两种"语言"——数字信号与模拟信号。

电子世界的数字与模拟与我们平常说的数字与模拟不同。这里的数字,并不是代表的阿拉伯数字的意思;这里的模拟,也不是日常认为的真实事物的虚拟。这里需要颠覆对数字与模拟原有的概念,电子世界将给出一个新的诠释。不要问为什么,因为这已经成为了约定俗成的东西了。

1. 数字信号与模拟信号的区别

模拟信号与数字信号的区别介绍如下。

数字(Digital Signal):只有 2 个值(0 V 和 5 V)。运用在 Arduino 中,就是高(HIGH)或者低(LOW),"HIGH"是"1",对应为 5 V;"LOW"是"0",对应为 0 V。

模拟(Analog Signal):在一定范围内,有无限值。在 Arduino 模拟口中,已经将 0~5 V 之间的值映射为 0~1023 范围内的值。比如,0 对应为 0 V,1023 对应为 5 V,512 对应为 2.5 V。

模拟信号与数字信号的数值的不同如图 3-2 所示。

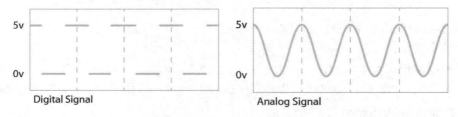

图 3-2　模拟信号与数字信号数值的不同

2．DFRobot 中的"数字"与"模拟"

DFRobot 套件中，有以下两种方法可以区分传感器为数字的还是模拟的。DFRobot 的模拟与数字传感器实物图如图 3-3 所示。

图 3-3　DFRobot 的模拟与数字传感器实物图

(1) 如图 3-3 所示下面的(绿色)线为数字信号的传感器，上面的(蓝色)线为模拟信号的传感器。

(2) 板子上会印有"D"或者"A"的字样，"D"代表"数字"，"A"代表"模拟"。

3．I/O 传感器扩展板 V7.1

如图 3-4 所示为扩展板的功能图，主要就是用来连接传感器的。

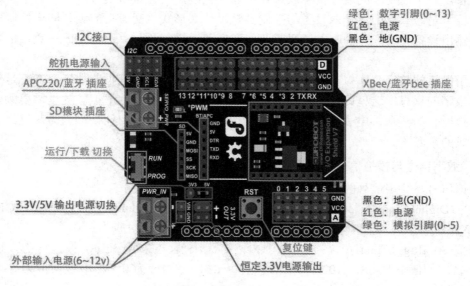

图 3-4　I/O 传感器扩展板功能图

前面说了 DF 的传感器会有"D"和"A"的字样。扩展板上也同样有对应的"D"与"A"的字样，如图 3-5 所示，对应插上就可以了。

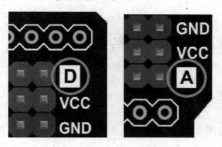

图 3-5　数字与模拟标志

而 I/O 扩展板最大的好处之一，就是相对于控制板上的仅限的几个电源接口，扩展板大大增加了电源接口和 GND 接口，这样就不用担心如果连接多个传感器时，会出现电源接口不够用的情况。

在板子上，数字引脚和模拟引脚下面都会有对应一排"红色"排阵，以及一排"黑色"排阵，这就是扩展出来的电源接口。红色排阵是与电源相连的，黑色排阵对应与 GND 相通。

特别说明一下 DF 中的颜色区分。

绿色：数字信号(Digital Signal)；

蓝色：模拟信号(Analog Signal)；

红色：电源；

黑色：GND。

学习本章内容主要了解是什么让东西"活"起来了，整个过程是怎么样的？那就是不仅是需要我们的硬件设备，还需要我们的软件来驱使它来工作。从下一章开始，就可以动手实际操作了。

第 4 章 串口监视器

前面只是 Arduino 是如何工作的有了一定的了解,知道了首先需要搭建一个"身体",也就是整个硬件设备;然后需要"思想",也就是代码去控制它的大脑(Arduino)。"身体"是需要"血液"才能工作的,而信号就是他们的"血液"。信号分为两种——数字信号与模拟信号。这一章,我们将可以更直观地看到数字信号与模拟信号的区别。

4.1 数字信号

选用一个数字量的传感器来作为例子——数字按钮模块。

1. 所需材料

制作数字按钮模块所需的材料如图 4-1 至图 4-3 所示。

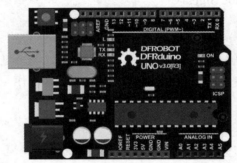

图 4-1 1 个 DFduino UNO R3(以及配套 USB 数据线)

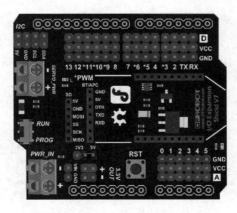

图 4-2 1 块 I/O 传感器扩展板 V7.1

图 4-3　1 个数字大按钮模块

2．硬件连接

从套件中取出 I/O 传感器扩展板 V7.1,把扩展板直接插到 UNO 上,注意 UNO 与扩展板的上下引脚要一一对应。找到数字大按钮模块,直接连接到数字引脚 2,需要注意传感器的线序与扩展板上对应。图 4-4 为硬件连接的示意图。

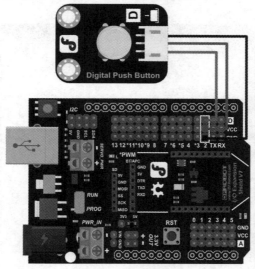

图 4-4　硬件连接图

完成连接后,给 Arduino 接上 USB 数据线,供电,准备下载程序。

3．串口监视器效果

打开 Arduino IDE,选择菜单中的文件(File)→示例(Examples)→01 Basics 中的 DigitalReadSerial 代码。代码如下:

```
int pushButton = 2;              // 连接到数字引脚 2

void setup() {                   // 初始化函数
  Serial.begin(9600);            // 设置串口波特率
  pinMode(pushButton, INPUT);    // 设置按键为输出模式
}
void loop() {                    // 主函数
  int buttonState = digitalRead(pushButton);   //读取数字引脚 2 的状态
  Serial.println(buttonState);   // 串口打印出引脚 2 的状态
  delay(1);                      // 延时 1ms
}
```

单击"下载(UpLoad)",给 Arduino 下载代码。成功下载完程序后,打开 Arduino IDE 的串口监视器,如图 4-5 所示。

图 4-5　串口监视器界面图

设置串口监视器的波特率为 9600,如图 4-6 所示。

图 4-6　设置串口监视器的波特率

可以直接从串口读取按钮的状态。按钮没按下的时候,串口显示为"0",一旦被按下,则显示为"1",如图 4-7 所示。

图 4-7　串口显示值

4.2　模 拟 信 号

选用一个模拟量的传感器来作为例子——模拟角度传感器。

1. 所需材料

制作模拟角度传感器所需的材料如图 4-8 所示。

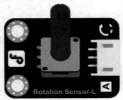

图 4-8　1 个模拟角度传感器

注意：之后的项目将不重复罗列 UNO 与 I/O 传感器扩展板，但是每次都需要用到。

2. 硬件连接

拔下 4.1 节中数字按钮模块中使用的按键，换成模拟角度传感器，直接连接到扩展板的模拟口 0，如图 4-9 所示。完成连接后，给 Arduino 接上 USB 数据线，供电，准备下载程序。

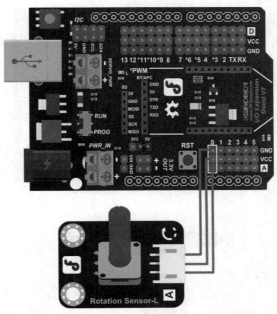

图 4-9　模拟信号示例连线图

3. 输入代码

打开 Arduino IDE，选择菜单中的文件(File)→示例(Examples)→01 Basics 中的 AnalogReadSerial 代码。代码如下：

```
void setup() {                          // 初始化函数
    Serial.begin(9600);                 // 设置串口波特率

}

void loop() {                           // 主函数
    int sensorValue = analogRead(0);    // 读取模拟引脚 0 的状态
    Serial.println(sensorValue);        // 串口打印出引脚 0 的状态
    delay(1);                           // 延时 1ms
}
```

同样，单击"下载(UpLoad)"，给 Arduino 下载代码。成功下载完程序后，打开 Arduino IDE 的串口监视器，并设置波特率为 9600。

试着旋转电位器，可以看到 0～1023 之间的值，如图 4-10 所示。

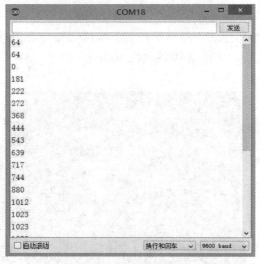

图 4-10 串口显示的模拟值

4.3 两者比较分析

1．串口监视器

串口监视器可以实现 Arduino 与电脑之间的互动。可以显示 Arduino 发送到 PC 端的数据，还可以让电脑发送数据给 Arduino。

从串口监视器中可以明显地看出，模拟值与数字值的区别。数字口输出的只有 0 或者 1，而模拟口可以输出 0～1023 之间的任何值，如图 4-11 所示。

图 4-11 模拟信号值与数字信号值的差别

2. 代码区别

从代码中可以看出，数字引脚和模拟引脚读数的方式是不同的。数字口使用 digitalRead() 来读取引脚状态值，而模拟口是通过 analogRead() 来读取引脚状态值的。其实，从英文的字面意思应该也能明白这句语句的意思，即使不明白也没有太大关系，因为之后的章节会做详细说明。

数字代码如下：

```
int buttonState = digitalRead(pushButton);    // 读取数字引脚 2 的状态
```

模拟代码如下：

```
int sensorValue = analogRead(0);    // 读取模拟引脚 0 的状态
```

4.4 串口相关函数

Arduino 常用的五个串口函数介绍如下。

(1) Serial.begin(speed)：串口定义波特率函数，speed 表示波特率，如 9600、19200 等。这个是和其他终端的通信速度、通信时通信双方的速度必须一致的。

(2) Serial.available()：判断缓冲器的状态。如果对方发送数据过来，则这个状态会变成 1；如果没有收到数据，就是 0。当数据被读取完后，也会重新变成 0。

(3) Serial.read()：读取串口并返回收到的数据。

(4) Serial.print()：串口输出。

(5) Serial.println()：也是串口输出，只是输出的数据后面另加一个回车符。

4.5 程序示例

(1) 每隔 1 秒打印 Hello world。其程序代码如下，程序运行结果如图 4-12 所示。

```
void setup()
{
    Serial.begin(9600);
}
void loop()
{
    Serial.println("Hello world");
    delay(1000);
}
```

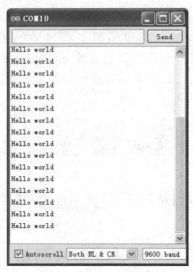

图 4-12　程序示例 1 运行结果

(2) 读取 PC 发送给 Arduino 的指令或字符，并将该指令或字符赋给 val，判断接收到的指令或字符是否是"R"。如果是，则点亮数字 13 口的 LED 后再熄灭数字 13 口的 LED，并显示"Hello World！"字符串。其程序代码如下，程序运行结果如图 4-13 所示。

```
int val;
int ledpin=13;

void setup()
{
  Serial.begin(9600);
  pinMode(ledpin,OUTPUT);
}

void loop()
{
  val=Serial.read();
  if(val=='R')
  {
      digitalWrite(ledpin,HIGH);
      delay(500);
      digitalWrite(ledpin,LOW);
      delay(500);
      Serial.println("hello world!");
  }
}
```

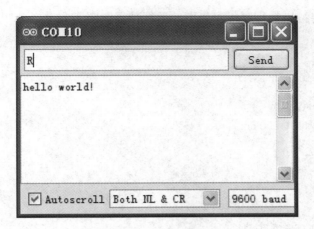

图 4-13　程序示例 2 运行结果

(3) 串口接收字符的程序代码如下，运行结果如图 4-14 所示。

```
int val=0;
void setup()
{
    Serial.begin(9600);
}
void loop()
{
    if(Serial.available()>0)
    {
        val=Serial.read();
        Serial.print("I received:");
        Serial.println(val,DEC);
    }
}
```

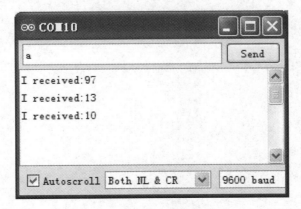

图 4-14　程序示例 3 运行结果

(4) 串口接收字符串的程序代码如下,运行结果如图 4-15 所示。

```
String str;
void setup()
{
  Serial.begin(9600);
  pinMode(led,OUTPUT);
}
void loop()
{
  while(Serial.available()>0){
  str=str+(char)Serial.read();
  }
  delay(1000);
  if(str.length()>0)
  { Serial.println(str);
  str="";}
}
```

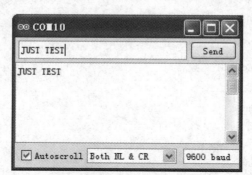

图 4-15　程序示例 4 运行结果

第 5 章　Arduino 基础传感器

5.1　点亮一盏灯——LED 发光模块

在前面几章中,大家已经对 Arduino 有了简单的了解,知道了整个装置工作是依赖哪些部分;也了解了电子世界最重要的两个量,数字量与模拟量。接下来就正式开始做东西了,第一个要做的必须是最经典的,最经典的莫过于"Blink"。

其实,前面在一开始驱动安装的时候就用过这段代码了,区别在于这里将不使用板上的 LED 13(也就是"L"灯),而是在数字引脚 13 连接一个 LED。

1. 所需元件

如何点亮一盏灯所需的元件如图 5-1 所示。

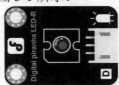

图 5-1　1 个数字食人鱼红色 LED 发光模块

2. 硬件连接

直接把食人鱼红色模块连接到 Arduino UNO 的数字口 13,如图 5-2 所示。插上 USB 线,准备下载程序。

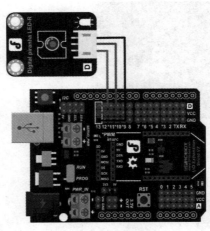

图 5-2　硬件连线图

3. 输入代码

打开 Arduino IDE，在编辑框中输入样例代码 1 所示的代码(输入代码也是一种学习编程的过程，虽然提供了代码的压缩包，但还是建议初学者自己输入代码，亲身体验一下)。

样例代码 1：

```
// LED 闪烁
/*
    描述：LED 每隔一秒交替亮灭一次
*/
int ledPin = 13;
void setup() {
    pinMode(ledPin, OUTPUT);
}

void loop() { digitalWrite(ledPin,HIGH);
    delay(1000);
    digitalWrite(ledPin,LOW);
    delay(1000);
}
```

输入完毕后，点击 IDE 的"校验(Verify)"，查看输入代码是否通过编译。如果显示没有错误，单击"下载(UpLoad)"，给 Arduino 下载代码。以上每一步都完成了，就可以看到面包板上的红色 LED 每隔一秒交替亮灭一次。

4. 硬件分析(数字输出)

从前面几章说的输入输出的角度来看，整个装置只有两个部分，控制与输出。Arduino 就是控制设备，LED 发光模块就是输出设备，如图 5-3 所示。就是这样，这个整个装置是没有输入设备的。有了这个分析结论，再看代码就不那么难理解了。

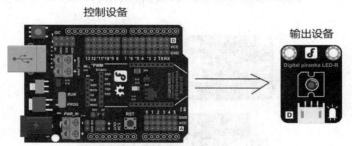

图 5-3 硬件分析图

5. 代码分析

现在来回顾一下代码，看看它们是如何工作的。

先说下 Arduino 代码必须具备以下两个组成部分：

```
void setup() { // 写入 setup 代码，
    只运行一次：
```

> }
> void loop() { // 写入 main 代码,
> 　　重复运行;
> }

Arduino 代码必须包含 setup()和 loop()这两个函数。setup 英文中是"设置"的意思。所以 setup()函数是用于一些初始化设置的,只在代码一开始时,运行一次。loop 是"循环"的意思,只要 Arduino 不掉电,loop 就会不停地重复运行。

由于 LED 是输出设备,所以不难看出,在 setup()函数中先初始化 LED 为输出模式。函数格式如下:

　　pinMode(pin,mode)

这个函数是用来设置 Arduino 数字引脚的模式的,只用于数字引脚定义是输入(INPUT)还是输出(OUTPUT)。pin 指数字引脚号,mode 指引脚模式(OUTPUT/INPUT)。

回头看代码中:

　　pinMode(ledPin, OUTPUT);

这句话的意思就是,将 ledPin 设置为输出模式,注意中间的逗号可不能省。那 ledPin 是什么呢?

看下代码的第一句话:

　　int ledPin = 13;

在一开始的时候给 13 号引脚起了个名字叫做 ledPin,所以 ledPin 就代表了 13 号引脚。前面的 int 可不能少,int 代表了 ledPin 是个整数。

明白了这两句话的意思了,则如果现在需要换个引脚,即 LED 不连接到 13 号引脚,而是连接到 10 号引脚,那么可以这样写:

　　pinMode(10, OUTPUT);

只需把 pin 换成对应的引脚号就行了。

再看下 loop()函数,loop 函数中就只用到了一个函数 digitalWrite()。函数格式如下:

　　digitalWrite(pin,value)

这个函数的意义是:引脚 pin 在 pinMode()中被设置为 OUTPUT 模式时,其电压将被设置为相应的值,HIGH 为 5 V(3.3 V 控制板上为 3.3 V),LOW 为 0 V。

　　digitalWrite(ledPin,HIGH);　　//LED 被点亮
　　digitalWrite(ledPin,LOW);　　//LED 被熄灭

代码中的 ledPin 同样指引脚。写入 HIGH 时,引脚 13 就被至高,LED 被点亮;写入 LOW 时,引脚 13 就被拉低,LED 被熄灭。

亮与灭的语句之间还有句语句:

　　delay(1000);

delay 是延时的意思,括号中写入的是毫秒(ms)。所以,delay(1000)就是延时 1000 ms(即 1 s)的意思。最后实现的就是 LED 亮一秒,灭一秒,一直无限循环。

大家可能注意到,代码开始部分有段带 "//" 和 "/*...*/" 的文字:

```
// LED 闪烁
/*
    描述：LED 每隔一秒交替亮灭一次
*/
```

这是代码中的说明文字，可以叫做注释。是以"//"开始的，这个符号所在行之后的文字将不被编译器编译。

还有另外一种写注释的方式，用"/*…*/"，这个符号的作用是可以注释多行，这也是与上一种注释方式的区别之处。在"/*"和"*/"中间的所有内容都将被编译器忽略，不进行编译。IDE 将自动把注释的文字颜色变为灰色。

拓展：Mixly 简介

Mixly(米思齐)是北师大教育学部创客教育实验室提供的免费工具，使用这个软件可以图像化演示上述源程序如何运行点亮一个真实的灯。首先下载软件(下载网址 http://maker.bnu.edu.cn/)，然后，双击 Mixly.vbs 文件，即可打开 Mixly 软件，其界面如图 5-4 所示。

图 5-4　Mixly 主界面

在"输入输出"菜单中找到"数字输出"模块，点击并拖动至空白处，如图 5-5 所示。

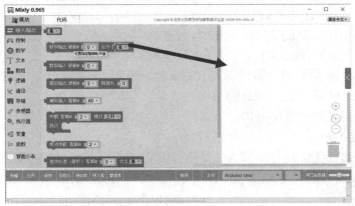

图 5-5　编程模块

在"控制"菜单中找到"延时模块",拖动至空白处并与"数字输出"模块拼接,如图 5-6 所示。

图 5-6　Blink 程序对应的 Mixly 模块

编写好程序后,单击如图 5-7 中所示的上传按钮,将程序上传到 Arduino 主控板上(注意,在上传程序之前,要设置好主控板型号和 COM 接口号,点击上传按钮右侧的下拉菜单即可设置)。

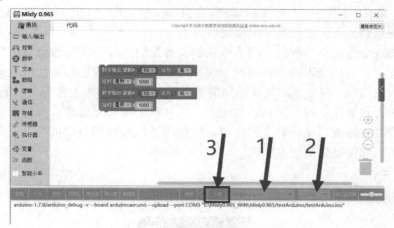

图 5-7　Mixly 程序上传界面

上传之后,所有的按钮都变为灰色,无法点击,以保证上传过程不被干扰。

这里,我们见到了两个非常常用的模块——数字输出和延时。

数字输出是 Arduino 主控板对原件的控制方式之一。它向输出的电路传送数字信号 0 和 1。0 意味着输出低电平,电路不会接通;1 则是意味着输出高电平,电路接通。

样例代码 1 中将 13 号管脚的数字输出设为高,与其连接的板载 LED 灯便会被点亮。经过 1 秒钟的延时(延时过程中,硬件保持延时开始时的状态,直到设定的时间结束),数字输出变为低,灯就会熄灭,之后保持熄灭状态 1 秒钟。

可以看到,板载 LED 灯在熄灭 1 秒后又重新亮了起来,再 1 秒钟后又熄灭,如此重复下去。这是因为,Mixly 和 Arduino 默认这段程序是重复执行的。如果没有其他干预,程序便会一直重复执行,并且,灯总是亮 1 秒,灭 1 秒,这个重复不会发生变化。这是因为,这些程序的模块是按它排列的顺序执行的,主控板不会先执行第一个模块,然后跳过延时的模块,直接去执行第三个模块,或者是按任何与程序不一样的顺序执行。

如图 5-8 所示的米思齐程序运行效果是 LED 灯将越闪越快,感兴趣的读者可以尝试编写对应的 Arduino 代码。

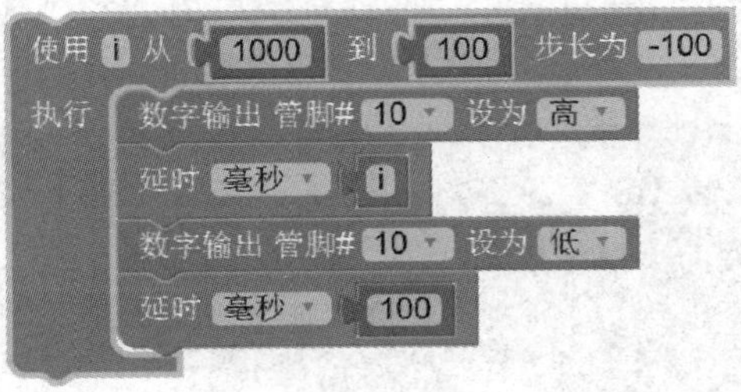

图 5-8 改进的 Blink 程序

5.2 感应灯——人体红外热释电运动传感器

感应灯：当有人经过的时候，LED 灯就会自动亮起，人一旦走了，LED 又自动关闭了。这里用到的传感器是人体红外热释电运动传感器。

热释电红外传感器是一种能检测人或动物身体发射的红外线而输出电信号的传感器。在这里我们把它作为机器人的一种传感器来应用，它除了在我们熟知的楼道自动开关、防盗报警上得到应用外，在更多的领域应用前景也很被看好。如果大家有更妙的想法，比如：在房间无人时会自动停机的空调机、饮水机，电视机能判断无人观看或观众已经睡觉后自动关机，开启监视器或自动门铃上的应用，结合摄影机或数码照相机自动记录动物或人的活动，等等，则都可以使用它来实现。

1. 所需元件

制作感应灯所需的元件如图 5-9 和图 5-10 所示。

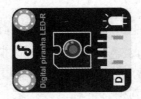

图 5-9 1 个数字食人鱼红色 LED 发光模块

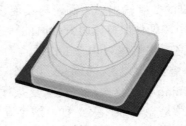

图 5-10 1 个人体红外热释电运动传感器

2. 硬件连接

人体红外热释电运动传感器连接数字引脚 2，数字食人鱼红色 LED 发光模块连接数字引脚 13，如图 5-11 所示。

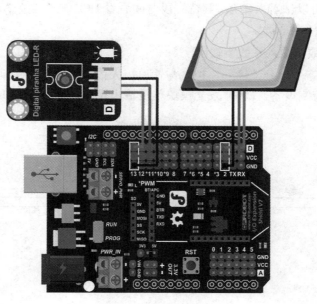

图 5-11 硬件连接图

3. 输入代码

样例代码 2：

```
// 感应灯
int sensorPin = 2;                    // 传感器连接到数字 2
int ledPin =13;                       // LED 连接到数字 13
int sensorState = 0;                  // 变量 sensorState 用于存储传感器状态

void setup() {
    pinMode(ledPin, OUTPUT);          // LED 为输出设备
    pinMode(sensorPin, INPUT);        // 传感器为输入设备
}

void loop(){
    sensorState = digitalRead(sensorPin);   // 读取传感器的值
    if (sensorState == HIGH) {              // 如果为高，LED 亮
        digitalWrite(ledPin, HIGH);
    }
    else {                                  // 否则，LED 灭
        digitalWrite(ledPin, LOW);
    }
}
```

下载完成后,可以试着人走开,等待一段时间看看 LED 是否会关掉。随后再试着靠近,看看 LED 是不是会自动亮起。

4. 硬件分析(数字输入—数字输出)

整个装置分为三个部分,输入、控制与输出。人体红外热释电运动传感器就是输入设备,Arduino 就是控制设备,LED 发光模块就是输出设备,如图 5-12 所示。

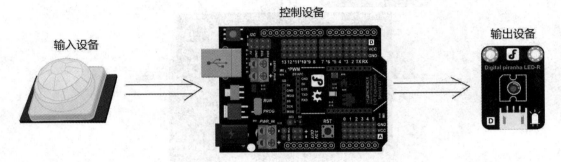

图 5-12　硬件分析图

又由于人体红外热释电运动传感器为数字量的传感器,所以接数字口。LED 输出信号也是数字量,同样接数字口。

5. 代码回顾

还是由输入输出着手,传感器是输入(INPUT),LED 是输出(OUTPUT)。所以在初始化中设置为

  pinMode(ledPin, OUTPUT); //LED 为输出设备
  pinMode(sensorPin, INPUT); //传感器为输入设备

有了输入设备,我们需要读取输入设备的值,才能进行之后的判断,所以 loop 函数一开始就是读取传感器的值的。

读取数字传感器状态的函数是 digitalRead(),即:

  sensorState = digitalRead(sensorPin);

函数格式如下:

  digitalRead(pin)

这个函数是用来读取数字引脚状态是 HIGH 还是 LOW 的。人体红外热释电传感器有人或者动物走动时,读到 HIGH,否则读到 LOW(HIGH 代表 1,LOW 代表 0)。代码的后半段就是对判断出来的值执行相应的动作的。

数字传感器只会读到两个值(HIGH 和 LOW)。这里要用到一个新的语句——if 语句。

if 语句格式如下:

格式 1:
  if(表达式){
    语句;
  }

格式 2：
```
if(表达式){
    语句;
}else{
    语句;
}
```

其中，表达式是指我们的判断条件，通常为一些关系式或逻辑式，也可以是直接表示某一数值。如果 if 表达式条件为真，则执行 if 中的语句。表达式条件为假，则跳出 if 语句。格式 1 多用于一种判断中，而格式 2 多用于两种判断的情况。

这里只有两种情况，传感器有人时读到的就是高，否则就是低，所以用的 if…else 语句。如下：

```
if (sensorState == HIGH) {
    ... //如果为高，LED 亮
}
else {
    ... //否则，LED 灭
}
```

"=="是一种比较运算符，用于判断两个数值是否相等，注意是"双等号"。而"="是赋值的意思，把等号右边的值赋给左边。

常用的运算符有：==(等于)、!=(不等于)、<(小于)、>(大于)、<=(小于等于)、>=(大于等于)。

特别说明一下，小于等于和大于等于运算符中的"<"和"="之间、">"和"="之间不能留有空格，否则编译不通过。

当然，除了比较运算符外，程序也可以用+、−、*、/(加、减、乘、除)这些常用的算术运算符。

拓展

(1) 给 LED 做个"面目狰狞"的壳儿，放在一个阴冷黑暗的小屋，再配点刺激的音乐，当然灯光效果也少不了，可以换成开关切换频率较快的模式。

(2) 文艺青年可以拿这个人体红外热释电传感器做个漂亮的装饰灯。

5.3 Mini 台灯——数字大按钮模块

按钮我们都比较熟悉了，是通过按压来实现通断的，可以用作触发事件一类的互动器材。这个实验中，我们就通过按钮的通断来控制 UNO 板上 LED 灯的亮与灭。Mini 台灯的功能就和台灯类似，按钮就像是 LED 的开关，每按一下，就会切换 LED 的状态。做完之后再给台灯制作一个精美的外壳。

1. 所需元件

制作 Mini 台灯所需的元件如图 5-13 和图 5-14 所示。

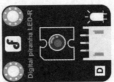

图 5-13　1 个数字食人鱼红色 LED 发光模块

图 5-14　1 个数字大按钮模块

2. 硬件连接

数字大按钮接数字 2，数字食人鱼红色 LED 发光模块接数字 13，如图 5-15 所示。

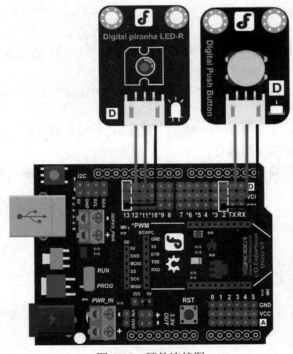

图 5-15　硬件连接图

3. 输入代码

样例代码 3：

```
// 小台灯

int buttonPin = 2;            //按钮连接到数字 2
```

```
int ledPin = 13;                    //LED 连接到数字 13

int ledState = HIGH;                // ledState 记录 LED 状态
int buttonState;                    // buttonState 记录按键状态
int lastButtonState = LOW;          // lastbuttonState 记录按键前一个状态

long lastDebounceTime = 0;
long debounceDelay = 50;            //去除抖动时间

void setup() { pinMode(buttonPin, INPUT); pinMode(ledPin, OUTPUT);
        digitalWrite(ledPin, ledState);
}

void loop() {
    //reading 用来存储 buttonPin 的数据
    int reading = digitalRead(buttonPin);

// 一旦检测到数据发生变化,记录当前时间
if (reading != lastButtonState)
    { lastDebounceTime = millis();
}

/* 等待 50 ms,再进行一次判断,是否和当前 button 状态相同
    如果和当前状态不相同,改变 button 状态
    同时,如果 button 状态为高(也就是被按下),那么就改变 LED 的状态*/
    if ((millis() - lastDebounceTime) > debounceDelay) {
        if (reading != buttonState)
            { buttonState = reading;
                if (buttonState == HIGH)
                { ledState = !ledState;
                }
            }
    }
    digitalWrite(ledPin, ledState);

    // 改变 button 前一个状态值
        lastButtonState = reading;
}
```

下载完代码,按下按钮,灯点亮;再按下按钮,灯熄灭。是不是很像个小台灯?

4．硬件分析(数字输入—数字输出)

很明显，大按钮是输入设备，LED 是输出设备(见图 5-16)。和前面感应灯类似，台灯也是一个数字输入控制一个数字输出控制，只是形式与代码有所不同。

图 5-16　硬件分析图

5．代码回顾

由硬件分析可以看出，按键是输入设备，LED 是输出设备。所以在初始化中设置为

　　pinMode(buttonPin, INPUT);

　　pinMode(ledPin, OUTPUT);

通过 digitalWrite()读取按键的状态为

　　int reading = digitalRead(buttonPin);

通常的按键所用开关为机械弹性开关，当机械触点断开、闭合时，由于机械触点的弹性作用，一个按键开关在闭合时不会马上稳定地接通，在断开时也不会一下子断开。因而在闭合及断开的瞬间均伴随有一连串的抖动，为了不产生这种现象而做的措施就是按键消抖，抖动时间的长短由按键的机械特性决定，一般为 5～10 ms。这是一个很重要的时间参数，在很多场合都要用到，如图 5-17 所示。

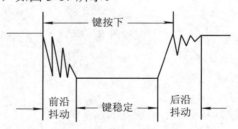

图 5-17　按键抖动时间

消抖是为了避免在按键按下或是抬起时电平剧烈抖动带来的影响。按键的消抖，可用硬件或软件两种方法。一般来说，会使用软件方法去抖，即检测出键闭合后执行一个延时程序，5～10 ms 的延时，让前沿抖动消失后再一次检测键的状态，如果仍保持闭合状态电平，则确认为真正有键按下。当检测到按键释放后，也要给 5～10 ms 的延时，待后沿抖动消失后才能转入该键的处理程序。

软件消抖的方法是不断检测按键值，直到按键值稳定。实现方法：假设未按键时输入为 1，按键后输入为 0，抖动时间不定。可以做以下检测：检测到按键输入为 0 之后，延时 5～10 ms，再次检测，如果按键还为 0，那么就认为有按键输入。延时的 5～10 ms 恰好避开了抖动期。一旦检测到读取的数据发生变化，通过如下 millis()函数记下时间：

第 5 章　Arduino 基础传感器

```
if (reading != lastButtonState)
    { lastDebounceTime = millis();
}
```

　　millis()是一个函数，该函数是 Arduino 语言自有的函数，它的返回值是一个时间，即 Arduino 开始运行到执行到当前的时间，也称之为机器时间，就像一个隐形时钟，从控制器开始运行的那一刻起开始计时，以毫秒为单位。

　　再等待 50 ms，再进行一次判断，是否和当前 button 状态相同。如果和当前状态不相同，则改变 button 状态。同时，如果 button 状态为高(也就是被按下)，那么就改变 LED 的状态。代码如下：

```
if ((millis() - lastDebounceTime) > debounceDelay)
{
    if (reading != buttonState)
    {
        buttonState = reading;

        if (buttonState == HIGH)
            { ledState = !ledState;
        }
    }
}
```

拓展：灯光门铃

　　现在越来越多年轻人回家就塞上耳机，即使在家都听不见门铃声，那就自制一个灯光门铃，有人来了，灯就开始狂闪，提醒里面的人，门口有人在按门铃了。这样的门铃也同样适用于那些耳朵不好的老人，又或者是那些聋哑人士。

5.4　声控灯——模拟声音传感器

　　大家小时候有没有对走廊的声控灯很感兴趣呢？会不会拼命地跺脚只为让那盏灯点亮？这节我们就做个这样的声控灯。只要轻轻拍下手，灯就自动亮起来了，没了声音，灯就又自动关了。这里用到的是声音传感器，声音传感器是用来对周围环境中的声音强度进行检测的，可以用它来实现根据声音大小进行互动的效果。MIC(麦克风)是将声音信号转换为电信号的能量转换器件，转换后的电信号还需要放大器放大才能使用，这里用到的便是一个 300 dB 的放大器，放大后的模拟信号大小和声音强度成正比(AD 量化数值 0~500 左右)。MIC 声音传感器上有个电位器可以调整输出信号的幅度。根据板子上的指示，Min 端是调小，Max 端是调大。

　　可以利用声音传感器做出更多互动作品，通过声音触发来控制更多好玩儿的东西，比如说做个发光鼓等。

1. 所需元件

制作声控灯所需的元件如图 5-18 和图 5-19 所示。

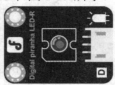

图 5-18　1 个数字食人鱼红色 LED 发光模块

图 5-19　1 个模拟声音传感器

2. 硬件连接

模拟声音传感器接模拟 0，数字食人鱼红色 LED 发光模块接数字 13，如图 5-20 所示。

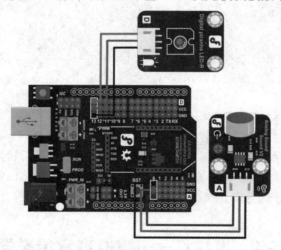

图 5-20　硬件连接图

3. 输入代码

样例代码 4：

```
//声控灯
int soundPin = 0;              //声音传感器接到模拟 0
int ledPin =13;                //LED 接到数字 13


void setup() { pinMode(ledPin, OUTPUT);
// Serial.begin(9600);         //用于调试
}
```

```
void loop(){
    int soundState = analogRead(soundPin);   //读取传感器的值
    // Serial.println(soundState);             //串口打印声音传感器的值

    //如果声音值大于 10，亮灯，并持续 10 s，否则关灯
    if (soundState > 10) {
        digitalWrite(ledPin, HIGH); delay(10000);
    }else{
        digitalWrite(ledPin, LOW);
    }
}
```

对着话筒拍下手或者说句话，试试灯能不能点亮？

4．硬件分析(模拟输入—数字输出)

前面几次接触的都是数字传感器，这次要尝试使用模拟传感器了，还记得在一开始说的数字与模拟的区别吗(串口中认识"数字"与"模拟"一节)？数字，只有两个值(0/1)；模拟，是线性的，理论上的值无限(0～1023)。

所以本例是模拟输入、数字输出的模式，如图 5-21 所示。

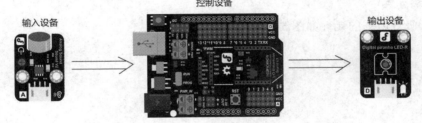

图 5-21 硬件分析图

在 setup()中只设置了 LED 为输出，而为什么没有设置声音传感器为输入模式呢？这是因为模拟口都是输入设置，所以不需要设置了。

声音传感器是输入设备，所以需要读取对应模拟口 0 的值。与读取数字口函数 digitalRead(pin)类似，模拟口读取函数如下：

    analogRead(pin)

这个函数用于从模拟引脚读值，pin 是指连接的模拟引脚。Arduino 的模拟引脚连接到一个了 10 位 A/D 转换器，输入 0～5 V 的电压对应读到 0～1023 的数值，每个读到的数值对应的都是一个电压值，比如 512 = 2.5 V。

最后是一个 if 判断，判断是否到达预设的值。

```
if (soundState > 10) {
    ...
}else{
    ...
}
```

需要修改预设值的话,可以打开串口监视器,看看需要的声音强度的值在什么范围,然后做相应的调整就可以了。

拓展:基于 MIC 声音传感器模块和食人鱼 LED 模块的声光互动实验

采用一个 MIC 声音传感器,采集音箱的音频信号。然后转换为 PWM 输出控制 1 个 LED 模块,食人鱼 LED 模块的亮度就表示左右声道音频信号的幅度大小(如果有两个 MIC 声音模块和食人鱼 LED 就可以分别采集左右声道音响的信号)。

5.5 呼吸灯——PWM

在前面几节中,我们知道了如何控制 LED 亮灭。但 Arduino 还有个很强大的功能通过程序来控制 LED 的明亮度。Arduino UNO 数字引脚中有六个引脚标有"~",这个符号就说明该口具有 PWM(Pulse-width modulation,脉冲宽度调制)功能。现在我们动手做一下,在做的过程中体会 PWM 的神奇力量!下面就介绍一个呼吸灯,所谓呼吸灯,就是让灯有一个由亮到暗,再到亮的逐渐变化的过程,感觉像是在均匀地呼吸。

1. 所需元件

制作呼吸灯所需的元件如图 5-22 所示。

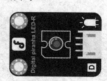

图 5-22　1 个数字食人鱼红色 LED 发光模块

2. 硬件连接

数字食人鱼红色 LED 发光模块接数字 10,如图 5-23 所示。

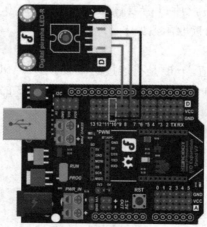

图 5-23　硬件连接图

3. 输入代码

样例代码 5：

```
//呼吸灯
int ledPin = 10;

void setup()
    { pinMode(ledPin,OUTPUT);
}

void loop(){
    for (int value = 0 ; value < 255;
        value=value-1){ analogWrite(ledPin, value);
        delay(5);
    }
    for (int value = 255; value >0;
        value=value-1){ analogWrite(ledPin, value);
        delay(5);
    }
}
```

代码下载完成后，我们可以看到 LED 会有一个逐渐由亮到灭的缓慢过程，而不是直接的亮灭，如同呼吸一般，均匀变化。

4. 硬件分析(模拟输出)

本节和 5.1 节(点亮一盏灯)用的类似的装置，同样没有输入设备，只有一个输出设备，但又有所不同，如图 5-24 所示。5.1 节中的 LED 是作为数字输出的，而这里我们是作为模拟输出的(代码部分会说明)。

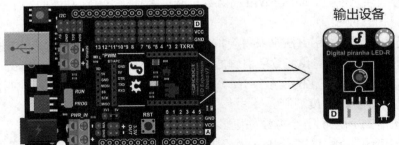

图 5-24 硬件分析图

5. 代码分析

当我们需要重复执行某句话时，可以使用 for 语句。
for 语句格式如下：

```
for (循环初始化; 循环条件; 循环调整语句){
    循环体语句;
}
```

① 循环初始化 ② 循环条件 条件为真 ④ 循环调整语句 ③ 循环体语句

for 循环顺序如下：

第一轮：1 2 3 4
第二轮：   2 3 4
...

直到 2 不成立，for 循环结束。

知道了这个顺序之后，回到如下代码中：

```
for (int value = 0; value < 255; value=value+1){
    ...
}
for (int value = 255; value >0; value=value-1){
    ...
}
```

这两个 for 语句实现了 value 的值不断由 0 增加到 255，随之在从 255 减到 0，在增加到 255，…，无限循环下去。

再看下 for 里面，涉及一个新函数 analogWrite()。我们知道数字口只有 0 和 1 两个状态，那如何发送一个模拟值到一个数字引脚呢？就要用到该函数。观察一下 Arduino 板，查看数字引脚，会发现其中 6 个引脚旁标有"~"，这些引脚不同于其他引脚，它们可以输出 PWM 信号。

该函数格式如下：

    analogWrite(pin,value)

analogWrite()函数用于给 PWM 口写入一个 0～255 的模拟值。所以，value 是在 0～255 之间的值。特别注意的是，analogWrite()函数只能写入具有 PWM 功能的数字引脚，也就是 3、5、6、9、10、11 引脚。

PWM 是一项通过数字方法来获得模拟量的技术。数字控制来形成一个方波，方波信号只有开关两种状态(也就是我们数字引脚的高低)。通过控制开与关所持续时间的比值就能模拟到一个 0 到 5 V 之变化的电压。开(学术上称为高电平)所占用的时间就叫做脉冲宽度，所以 PWM 也叫做脉冲宽度调制。

通过如图 5-25 所示的五个方波来更形象的了解一下 PWM。

图 5-25 中绿色竖线代表方波的一个周期。每个 analogWrite(value)中写入的 value 都能对应一个百分比，这个百分比也称为占空比(Duty Cycle)，指的是一个周期内高电平持续时间比上低电平持续时间得到的百分比。图 5-25 中从上往下，第一个方波占空比为 0%，对应的 value 为 0。LED 亮度最低，也就是灭的状态。高电平持续时间越长，也就越亮。所以，最后一个占空比为 100%的对应 value 是 255，LED 最亮。50%就是最亮的一半了，25%则

相对更暗。

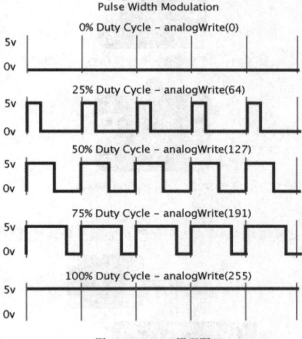

图 5-25　PWM 原理图

PWM 比较多地用于调节 LED 灯的亮度，或者是电机的转动速度。用 PWM 调节，则电机带动的车轮速度就能很容易地被控制。在玩一些 Arduino 小车时，更能体现 PWM 的好处。

5.6　灯光调节器——模拟角度传感器

所谓灯光调节器，就是可以自由控制灯的亮度，这里通过一个模拟角度传感器来调节 LED 灯的亮度。随着旋转角度的变化，LED 亮度也发生相应改变。角度越大，LED 灯也就越亮，相反，角度越小，LED 灯也就越暗。这里只是用了小小的 LED 来做演示效果，如果想运用到生活之中的话，也是同样的原理。那就先做个小型的灯光调节器吧！

基于电位器的旋转角度传感器，旋转角度从 0 到 300 度，使用 8 位 AD 可以将电压细分为 255 份，使用 10 位 AD 可以将电压细分为 1024 份，与 Arduino 传感器扩展板结合使用，可以精确地实现角度微小变化，可以非常容易地实现与旋转位置相关的互动效果或制作 MIDI 乐器。

模拟角度传感器还能用到很多地方，比如后面会接触的舵机，可以通过这个传感器来控制转动角度；或者以后有机会接触直流电机，可以尝试下用角度传感器来控制转速；等等。

1. 所需元件

制作灯光调节器所需的元件如图 5-26 和图 5-27 所示。

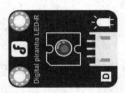

图 5-26　1 个数字食人鱼红色 LED 发光模块

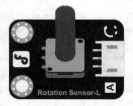

图 5-27　1 个模拟角度传感器

2. 硬件连接

模拟角度传感器接模拟 0，数字食人鱼红色 LED 发光模块接数字 1，如图 5-28 所示。

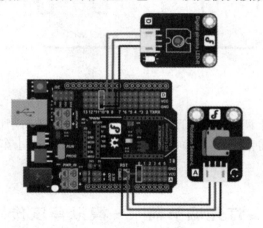

图 5-28　硬件连接图

3. 输入代码

样例代码 6：

```
//灯光调节器
int potPin = 0;            //电位器连接到模拟 0
int ledPin = 10;           //LED 连接到数字 10

void setup() {
    pinMode(ledPin, OUTPUT);
}

void loop() {
    int sensorValue = analogRead(potPin);    //读取模拟口 0 的值
```

```
//通过map()把0~1023的值转换为 0~255
    int outputValue = map(sensorValue, 0, 1023, 0, 255);
    analogWrite(ledPin, outputValue); //给LED写入对应值 delay(2);
}
```

缓慢旋转电位器，仔细观察LED的亮度是否发生变化。

4．硬件分析(模拟输入—模拟输出)

在呼吸灯一节我们已经学会了如何用数字引脚的PWM口来做模拟输出，这一节将加入互动元素，通过模拟输入来控制模拟输出，硬件分析图如图5-29所示。

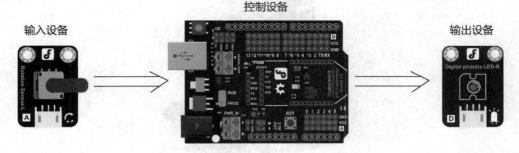

图5-29　硬件分析图

5．代码回顾

这里主要讲map函数，函数格式如下：

　　map(value, fromLow, fromHigh, toLow, toHigh)

map函数的作用是将一个数从一个范围映射到另外一个范围。也就是说，会将fromLow到fromHigh之间的值映射到toLow在toHigh之间的值。

map函数参数的含义介绍如下。

(1) value：需要映射的值。

(2) fromLow：当前范围值的下限。

(3) fromHigh：当前范围值的上限。

(4) toLow：目标范围值的下限。

(5) toHigh：目标范围值的上限。

map的神奇之处还在于，两个范围中的"下限"可以比"上限"更大或者更小，因此map函数可以用来翻转数值的范围，可以这么写：

　　y = map(x, 1, 50, 50, 1);

这个函数同样可以处理负数，如下面这个例子：

　　y = map(x, 1, 50, 50, −100);

回到本节代码中，以下代码

　　int outputValue = map(sensorValue, 0, 1023, 0, 255);

表示将模拟口读到的0~1023的值，转换为PWM口的0~255。

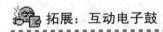 拓展：互动电子鼓

互动电子鼓就是用一个模拟压电陶瓷震动传感器，简单来说就是检测震动的传感器，原理就是通过鼓的震动来接收到不同强弱程度的信号，再把该信号反馈给控制器，通过控制器来实现灯光的变化。

1．所需元件

制作互动电子鼓所需的元件如图 5-30 和图 5-31 所示。

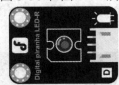

图 5-30　1 个数字食人鱼红色 LED 发光模块

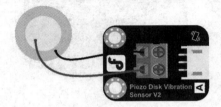

图 5-31　1 个模拟压电陶瓷震动传感器

2．运行效果

用手轻轻按下陶瓷片，随着按下力的不同，LED 呈现出不同的亮度。也可以把压电陶瓷片固定在电子鼓上，跟着节奏，灯光则随之舞动。

如果细心的话，可以发现互动电子鼓的做法与灯光调节器是完全类似的。只是这里变换了一种形式，这也就是传感器的传神之处，可以以不同的形式呈现在我们面前。

3．硬件连接

模拟压电陶瓷震动传感器接模拟 0，数字食人鱼红色 LED 发光模块接数字 10，如图 5-32 所示。

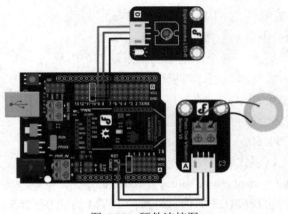

图 5-32　硬件连接图

5.7 火焰报警器——火焰传感器

火焰传感器可以用来探测火源或其他波长在 760～1100 nm 范围内的光源。在灭火机器人比赛中,火焰探头起着非常重要的作用,它可以用作机器人的眼睛来寻找火源或足球。利用它可以制作灭火机器人、足球机器人等。探测角度达 60 度,对火焰光谱特别灵敏。

在厨房安装一个火焰报警器应该是非常管用的,如果不小心忘关煤气的话,只要有一点点的火苗,就能触发火焰报警器,探测距离可达 20 cm。别看一个小小的报警器,说不定就能避免一场不必要的意外发生。

1. 预备实验

样例代码 7：

```
//测试火焰传感器
void setup0{
Serial.begin(9600); // 9600 bps
}

void loop(){
int val;
val=analogRead(0);
Serial.println(val ,DEC);
 delay(100);
}
```

供电电压为 5 V 时,以一根蜡烛为火源,室内打开节能灯实测火焰传感器检测到的电压数值：

(1) 当蜡烛没有点燃时,在节能灯下火焰传感器检测到的电压值为 0.3 V。

(2) 当蜡烛点燃后,在节能灯下火焰传感器检测到的电压值如下：

20 cm：4.8 V
30 cm：4.6 V
40 cm：3.9 V
50 cm：2.9 V
60 cm：2.5 V
70 cm：2 V
80 cm：1.5 V
90 cm：1.2 V
100 cm：1 V

可以看出,检测到的电压值越大说明离火源越近。

值得注意的是，火焰传感器的工作温度为 -25~85℃，在使用过程中应注意火焰探头离火焰的距离不能太近，以免造成损坏。

2. 所需材料

制作火焰报警器所需的元件如图 5-33 和图 5-34 所示。

图 5-33　1 个数字蜂鸣器模块

图 5-34　1 个火焰传感器

3. 硬件连接

数字蜂鸣器模块接数字口 8，火焰传感器接模拟口 0，如图 5-35 所示。

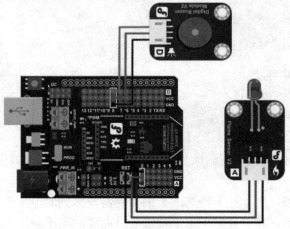

图 5-35　硬件连接图

4. 输入代码

样例代码 8：

```
//火焰报警器
float sinVal;
int toneVal;

void setup(){
    pinMode(8, OUTPUT);           //蜂鸣器引脚设置
    Serial.begin(9600);           //设置波特率为 9600 bps
```

```
}

void loop(){ int sensorValue = analogRead(0);//火焰传感器连到模拟口，并从模拟口读值
    Serial.println(sensorValue);
    delay(1);
    if(sensorValue < 490){                    // 如果数据小于490，说明火源很近，蜂鸣器响
        for(int x=0; x<180; x++){
            //将 sin 函数角度转化为弧度
            sinVal = (sin(x*(3.1412/180)));  //用 sin 函数值产生声音的频率
            toneVal = 2000+(int(sinVal*1000));
            //给引脚 8 一个
            tone(8, toneVal);
            delay(2);
        }
    } else {  //  如果数据大于等于490，没有火源，则关闭蜂鸣器
        noTone(8);                           //关闭蜂鸣器
    }
}
```

可以试着拿个打火机慢慢靠近火焰传感器，看看蜂鸣器会不会报警。

5．代码回顾

首先，定义如下两个变量：

　　float sinVal;
　　int toneVal;

浮点型变量 sinVal 用来存储正弦值，正弦波呈现一个波浪形的变化，变化比较均匀，所以选用正弦波的变化来作为我们声音频率的变换，toneVal 从 sinVal 变量中获得数值，并把它转换为所需要的频率。

这里用的是 sin()函数，一个数学函数，可以算出一个角度的正弦值，这个函数采用弧度单位。因为我们不想让函数值出现负数，所以设置 for 循环在 0～179 之间，也就是 0～180 度之间：

　　for(int x=0; x<180; x++){ }

函数 sin()用的是弧度单位，而不是角度单位。要通过公式(3.1412/180)将角度转为弧度：

　　sinVal = (sin(x*(3.1412/180)));

之后，将这个值转变成相应的报警声音的频率：

　　toneVal = 2000+(int(sinVal*1000));

这里有个知识点——浮点型值转换为整型。

sinVal 是个浮点型变量，也就是含小数点的值，而我们是不希望频率出现小数点的，所以需要有一个浮点值转换为整型值的过程，也就是需要下面这句语句完成这件事：

　　int(sinVal*1000)

把 sinVal 乘以 1000，转换为整型后再加上 2000 赋值给变量 toneVal，则现在 toneVal 就是一个适合声音频率了。之后，用 tone()函数把生成的这个频率给蜂鸣器，即：

  tone(8, toneVal);

下面我们来介绍一下 tone 相关的三个函数。

（1）tone(pin,frequency)。这是第一个函数。pin 是指连接到蜂鸣器的数字引脚，frequency 是以 Hz 为单位的频率值。

（2）tone(pin,frequency,duration)。这是第二个函数，有个 duration 参数，它是以毫秒为单位的，表示声音长度的参数。如上的第一个函数中没有指定 duration，所以声音将一直持续直到输出一个不同频率的声音产生为止。

（3）noTone(pin)。这是第三个函数。noTone(pin)函数，结束该指定引脚上产生的声音。

拓展

结合人体红外热释电传感器，红色 LED 发光模块，可以做个防盗报警器。当然，如果要声音大一点的话，蜂鸣器的威力可能不太够，小型的报警器还是没有问题的。

5.8 夜光盒——舵机

夜光宝盒，听着名字是不是很好玩，实际也是这么好玩。本节要做的这个盒子，在白天是闭合的，一旦进入了深夜，就开始慢慢张开，灯光也会慢慢变亮，好似一颗"夜明珠"，一旦到了白天，又慢慢合上了。其原理是通过一个模拟环境光传感器来检测环境光线的强弱，随着亮度的不同，输出值不同。到了晚上的设定值，就转动舵机角度，LED 同时慢慢变亮。

1. 预备实验

舵机是一种电机，它使用一个反馈系统来控制电机的位置，可以很好的掌握电机的角度。大多数舵机可以最大旋转 180°，也有一些能转更大的角度，甚至达到 360°。舵机比较多的用于对角度有要求的场合，比如摄像头、智能小车前置探测器，需要在某个范围内进行监测地移动平台；又或者把舵机放到玩具上，让玩具动起来。还可以用多个舵机，做个小型机器人，舵机就可以作为机器人的关节部分了。所以说，舵机的用处很多。

另外，Ardruino 提供了<Servo.h>库。

1）实现舵机 0～180° 来回转动

```
#include <Servo.h>        // 声明调用 Servo.h 库
Servo myservo;            // 创建一个舵机对象
void setup() {
    myservo.attach(9);    //将引脚 9 上的舵机与声明的舵机对象连接起来
}
void loop() {
    for(int i=0;i<180; i++)
```

```
        {
            myservo.write(i);        // 给舵机写入角度
            delay(15);               // 延时 15 ms 让舵机转到指定位置
        }
        for(int i=180;i>=0;i--)
        {
            myservo.write(i);        // 给舵机写入角度
            delay(15);               // 延时 15 ms 让舵机转到指定位置
        }
    }
```

下载代码成功后可以看到舵机 0~180°来回转动。

2) 可控舵机

```
    #include <Servo.h>               // 声明调用 Servo.h 库
    Servo myservo;                   // 创建一个舵机对象
    int potpin = 0;                  // 连接到模拟口 0
    int val;                         // 变量 val 用来存储从模拟口 0 读到的值
    void setup() {
        myservo.attach(9);           // 将引脚 9 上的舵机与声明的舵机对象连接起来
    }
    void loop() {
        val = analogRead(potpin);    // 从模拟口 0 读值,并通过 val 记录
        val = map(val, 0, 1023, 0, 179);  // 通过 map 函数进行数值转换
        myservo.write(val);          // 给舵机写入角度
        delay(15);                   // 延时 15ms 让舵机转到指定位置
    }
```

下载代码成功后,旋转电位器,看看舵机是不是随着电位器转动。

2. 所需材料

制作夜光盒所需的元件如图 5-36~图 5-38 所示。

图 5-36　1 个模拟环境光线传感器

图 5-37　1 个 TowerPro SG50 舵机

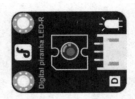

图 5-38　1 个数字食人鱼红色 LED 发光模块

3．硬件连接

TowerPro SG50 接数字口 9，模拟环境光线传感器接模拟口 0，数字食人鱼红色 LED 发光模块接数字口，如图 5-39 所示。

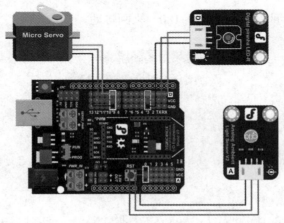

图 5-39　硬件连接图

4．输入代码

样例代码 9：

```
#include <Servo.h>
Servo myservo;
int LED = 3;          // 设置 LED 灯为数字引脚 3
int val = 0;          // val 存储环境光传感器的值
int pos = 0;
int light =0;

void setup(){
    pinMode(LED,OUTPUT);        // LED 为输出模式
    Serial.begin(9600);         // 串口波特率设置为 9600
    myservo.attach(9);          // 舵机接到数字口 9
    myservo.write(0);           // 初始角度为 0
}
```

```
void loop(){
    val = analogRead(0);              // 读取传感器的值
    Serial.println(val);              // 串口查看电压值的变化
    if(val<40){                       // 一旦小于设定的值,增加角度
        pos = pos +2;
        if(pos >= 90){                // 转到了 90°后,就保持 90°
            pos = 90;
        }
        myservo.write(pos);           // 写入舵机的角度
        delay(100);
        light = map(pos,0,90,0,255);  // 随角度增大,LED 亮度增大
        analogWrite(LED,light);       // 写入亮度值
    }else{
        pos = pos -2;                 // 减 2°
        if(pos <= 0){
            pos = 0;                  // 减到 0°为止
        }
        myservo.write(pos);           // 写入舵机的角度
        delay(100);
        light = map(pos,0,90,0,255);  // 随角度减小,LED 亮度减小
        analogWrite(LED,light);       // 写入亮度值
    }
}
```

把舵机固定在盒子的连接处,灯塞在盒子里面,传感器需要检测环境光,所以是要露在外面的。安装完成后,把盒子置于暗处,看下盒子会不会自动打开。

5.9 遥控灯——红外接收传感器

我们知道家里的遥控器,不管是电视还是空调都是通过红外来控制的。本节通过红外做个遥控灯,设定遥控器的"红色电源键"来控制 LED 的开关,当然学完这一节后,读者也可以尝试用其他的按钮来充当控制 LED 的开关键。

在开始制作遥控灯之前,先来做个预备实验,通过串口来了解如何使用红外接收管和遥控器。

1. 预备实验

1) 所需材料

预备实验所需的材料如图 5-40 和图 5-41 所示。

图 5-40　1 个数字红外接收模块

图 5-41　1 个 Mini 遥控器

2) 硬件连接

数字红外接收模块接数字口 10，如图 5-42 所示。

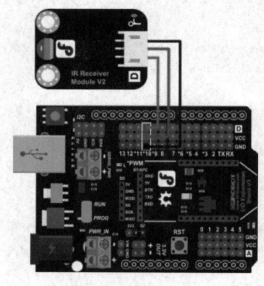

图 5-42　硬件连接图

3) 输入代码

这段代码，可以不用自己手动输入，利用现成的 IRremote 库，把整个库的压缩包解压到 Arduino IDE 安装位置的 Arduino1.0.5/libraries 文件夹中，如图 5-43 所示，直接运行 Example 中的 IRrecvDemo 代码即可。

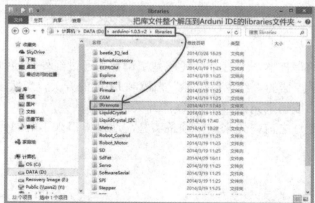

图 5-43　IRremote 库文件位置

样例代码 10：

```
// 这段代码来自 IRremote 库 Examples 中的 IRrecvDemo
// 红外接收管
#include <IRremote.h>         // 调用 IRremote.h 库
int RECV_PIN = 10;            // 定义 RECV_PIN 变量为 10
IRrecv irrecv(RECV_PIN);      // 设置 RECV_PIN(也就是 11 引脚)为红外接收端
decode_results results;       // 定义 results 变量为红外结果存放位置
void setup(){
Serial.begin(9600);           // 串口波特率设为 9600
irrecv.enableIRIn();          // 启动红外解码
}

void loop() {
    // 是否接收到解码数据，把接收到的数据存储在变量 results 中
    if (irrecv.decode(&results)) {
    //接收到的数据以十六进制的方式在串口输出
        Serial.println(results.value, HEX); irrecv.resume();
        // 继续等待接收下一组信号
    }
}
```

下载完成后，打开 Arduino IDE 的串口监视器(Serial Monitor)，设置波特率为 9600 baud(见图 5-44)，与代码中的 Serial.begin(9600)相匹配。

图 5-44 设置波特率

设置完成后，用 Mini 遥控器的按钮对着红外接收管的方向任意按个按钮，则都能在串口监视器上看到相对应的代码。如图 5-45 所示，按数字"0"，接收到对应十六进制的代码是 FD30CF。每个按钮都有一个特定的十六进制的代码。

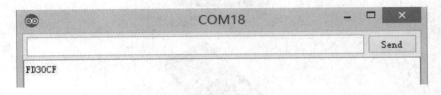

图 5-45 按数字"0"对应代码

如果常按一个键不放就会出现"FFFFFFFF"，如图 5-46 所示。

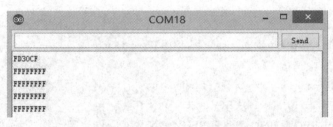

图 5-46 常按一个键不放对应代码

在串口中，若红外被正确接收的话，则收到以"FD"开头的六位数；而如果遥控器没有对准红外接收管的话，则会接收到错误的代码，如图 5-47 所示。

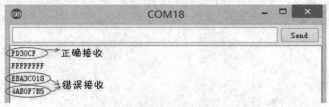

图 5-47 红外接收正误代码显示

上面这段代码没有像以前一样一步一步做详细说明，原因就是由于红外解码较为复杂，先不需要弄明白函数内部是如何工作的，只需要会用提供的 IRremote 库即可。

预热完之后，我们言归正传，开始制作遥控灯。

2. 所需元件

制作遥控灯所需的元件如图 5-48～图 5-50 所示。

图 5-48 1 个数字食人鱼红色 LED 发光模块

图 5-49 1 个数字红外接收模块

图 5-50 1 个 Mini 遥控器

3. 硬件连接

遥控灯其实就是在上面预备实验的基础上加了个 LED，LED 使用的是数字引脚 10，红外接收管仍然接的是数字引脚 3，如图 5-51 所示。

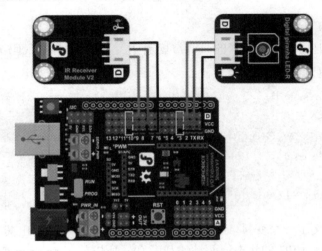

图 5-51 硬件连接图

4. 输入代码

这里不建议一步一步输入代码，可以在样例代码 10 的基础上进行修改，观察下相对样例代码 10 样例代码 11 增加了哪些内容。

样例代码 11：

```
#include <IRremote.h>
int RECV_PIN = 10;
int ledPin = 3;
boolean ledState = LOW; IRrecv irrecv(RECV_PIN); decode_results results;
  void setup(){
      Serial.begin(9600);
      irrecv.enableIRIn();
      pinMode(ledPin,OUTPUT);        //设置 LED 为输出状态
  }

  void loop() {
    if (irrecv.decode(&results))
      { Serial.println(results.value, HEX);
      //一旦接收到电源键的代码，LED 翻转状态，HIGH 变 LOW，或者 LOW 变 HIGH
      if(results.value == 0xFD00FF)
      { ledState = !ledState;
        digitalWrite(ledPin,ledState);
      }
```

```
        irrecv.resume();
    }
}
```

5. 代码回顾

程序一开始还是对红外接收管的一些常规定义,按原样将样例代码 10 中的搬过来就可以了。

```
#include <IRremote.h>              //调用 IRremote.h 库
int RECV_PIN = 10;                 //定义 RECV_PIN 变量为 10
IRrecv irrecv(RECV_PIN);           //设置 RECV_PIN(也就是 11 引脚)为红外接收端
decode_results results;            //定义 results 变量为红外结果存放位置
int ledPin = 3;                    //LED – digital 3
boolean ledState = LOW;            //ledstate 用来存储 LED 的状态
```

在这里,多定义了一个变量 ledState,通过名字应该就可以看出其含义,是用来存储 LED 的状态的。由于 LED 的状态就两种(1 或者 0),所以使用 boolean 变量类型。

setup()函数中,对使用串口、启动红外解码、数字引脚模式进行设置。

到了主函数 loop(),一开始还是先判断是否接收到红外码,并把接收到的数据存储在变量 results 中,即:

```
if (irrecv.decode(&results))
```

一旦接收到数据后,程序就要做两件事。第一件事,判断是否接收到了电源键的红外码,即:

```
if(results.value == 0xFD00FF)
```

第二件事,就是让 LED 改变状态,即:

```
ledState = !ledState;               //取反
digitalWrite(ledPin, ledState);     //改变 LED 相应状态
```

大家可能还对"!"比较陌生,"!"是一个逻辑非的符号,"取反"的意思。我们知道"!="代表的是不等于的意思,也就是相反。这里可以类推为 !ledState 是 ledState 相反的一个状态。"!"只能用于只有两种状态的变量中,也就是 boolean 型变量。

最后,继续等待下一组信号,即:

```
irrecv.resume();
```

 拓展

(1) 结合舵机,DIY 一个遥控作品。如,通过遥控器上不同的按键,让舵机转动不同的角度。

(2) 结合 PWM 口,实现遥控调节 LED 灯的亮度,要求在按下电源键开灯后,可以按"+"键增加亮度,按"−"键降低亮度;若按电源键关灯后,则+/−键失效。

5.10 数字骰子——Shiftout 模块+数码管

数码管，常见的是用来显示数字的，比如像计算器。数码管，其实也算是 LED 中的一种。数码管的每一段，都是一个独立的 LED，通过和 Shiftout 模块连用，控制相应段的亮灭就能达到显示数字的效果。本节利用二者来实现数字骰子的效果。

1. 所需元件

制作数字骰子所需的元件如图 5-52～图 5-54 所示。

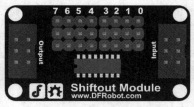

图 5-52　1 个数字大按钮模块　　图 5-53　1 个数码管　　图 5-54　1 个 Shiftout 模块

2. 硬件连接

把数码管插到 Shiftout 模块上，插的时候注意引脚一一对应；数码管中"D"所在排连接到 Shiftout 的绿色引脚上，"+"对应红色 VCC，"−"对应黑色 GND；Input 相应接到 UNO 的数字口；数字大按钮模块接到数字口 2，如图 5-55 所示。

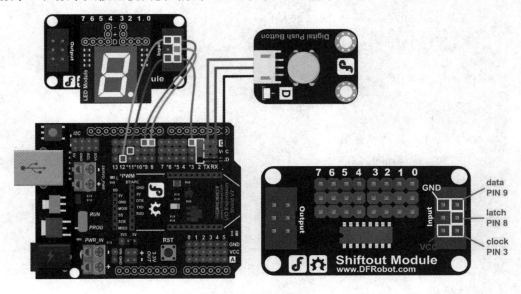

图 5-55　硬件连接图

3. 输入代码

样例代码 12：

//数字骰子

```
int latchPin = 8;          //数字口 8 连接到 74HC595 芯片的使能引脚 int
clockPin = 3;              //数字口 3 连接到 74HC595 芯片的时钟引脚
int dataPin = 9;           //数字口 9 连接到 74HC595 芯片的数据引脚
int buttonPin = 2;         //按钮连接到数字口 2
//代表数字 0~9
byte Tab[]={
  0xc0,0xf9,0xa4,0xb0,0x99,0x92,0x82,0xf8,0x80,0x90}; int number;
long randNumber;
void setup()
{ pinMode(latchPin,OUTPUT);
  pinMode(dataPin, OUTPUT);
  pinMode(clockPin, OUTPUT);
  randomSeed(analogRead(0));    //设置一个随机数产生源模拟口 0
}

void loop(){
  randNumber = random(10);       //产生 0~9 之间的随机数
  showNumber(randNumber);        //显示该随机数

  //一旦有按键按下，显示该数，并保持到松开为止
  while(digitalRead(buttonPin) == HIGH){
        delay(100);
  }
}

//该函数用于数码管显示
void showNumber(int number){
  digitalWrite(latchPin, LOW);
  shiftOut(dataPin, clockPin, MSBFIRST, Tab[number]);
  digitalWrite(latchPin, HIGH);
  delay(80);
}
```

数码管会随机产生 0~9 之间的数，每次按下按钮都会是不同的数。

4．硬件分析

1) Shiftout 模块

Shiftout 模块就是一块 74HC595 芯片。如果要看懂代码，那就需要对 74HC595 芯片的工作原理有个简单认识。74HC595 实现了串行输入转并行输出的功能。

先说下什么是串行与并行。如图 5-56 所示，可以简单看出串行与并行的区别。串行是

一个一个数往外发,而并行是 8 位数一起往外发的。

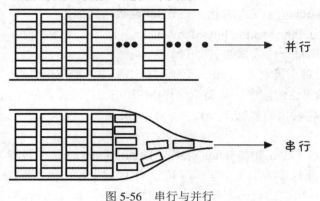

图 5-56　串行与并行

74HC595 可以串行进来的数据让它并行输出,这样的好处是,当要用到多个 LED,而数字引脚又不够用的时候,用个 74HC595 就可以同时控制多个 LED 了,如图 5-57 所示。

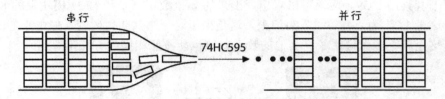

图 5-57　74HC595 串并行转换

那么具体如何发数据,发什么数据?就是由 data、latch、clock 这三个量决定的。Arduino 提供了一个 shiftOut()函数,使 74HC595 使用起来非常简便。

2) 数码管

数码管(见图 5-58)其实就是 8 个 LED,每一段都是一个独立的 LED,一共是 8 段。一个 74HC595 芯片输出正好也是 8 位,所以用 74HC595 的输出正好可以控制一个 LED 模块。

图 5-58　数码管

5. 代码回顾

前面硬件介绍部分提到了 74HC595 的用法,起到的作用就是能够通过一个数据口并行输出 8 位,不会让 LED 占用 8 个数字引脚,当然如果想接 8 个数字口也是没有问题的,只是占用的引脚会多一点而已。

也说到了三个比较关键的引脚 latchPin、clockPin、dataPin,所以代码开始定义了这三个量,以及按钮。

下面就来讲 shiftOut()函数怎样用?shiftOut 函数格式如下:

　　shiftOut(dataPin,clockPin,bitOrder,value)

其中,dataPin——输出每一位数据的引脚(int);

　　clockPin——时钟引脚,当 dataPin 有值时此引脚电平变化(int);

　　bitOrder——输出位的顺序,最高位优先(MSBFIRST)或最低位优先(LSBFIRST);

　　value——要移位输出的数据(byte)。

注意:

(1) dataPin 和 clockPin 要在 setup()过程中的 pinMode()函数中设置为 OUTPUT。

(2) shiftOut 目前只能输出 1 个字节(8 位),所以如果输出值大于 255 需要分两步。

代码中,可以看出输出位的顺序是最高位优先的,Tab[number]就是输出的数据:

　　shiftOut(dataPin, clockPin, MSBFIRST, Tab[number]);

我们来看下 Tab[number]里面是些什么,如下:

　　byte Tab[]={ 0xc0, 0xf9, 0xa4, 0xb0, 0x99, 0x92, 0x82, 0xf8, 0x80, 0x90};

先仔细观察图 5-59。应该可以看出,出来的 8 位数正好是和 LED 模块上的 8 个 LED 对应的。这里"0"为点亮,"1"为熄灭。这是由于这个是共阴数码管,低电平的时候才能被点亮,这里就不多做说明了。其他的数字应该也能按照相同的方法推算出来。

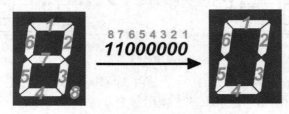

图 5-59　LED 模块显示原理

现在我们知道 0～9 的数字是如何显示的了。既然需要做数字骰子,那么就还需要重要的一步,如何随机产生 0～9 之间的数字呢?Arduino 提供了个好用的函数 random(),代码如下:

```
random(max)
random()         //可生成随机数,生成[0,max-1]范围内的随机数,max 是最大值
random(10);      //生成 0～9 之间的数
```

randomSeed()函数是用来设置随机种子的,我们这里就接到了模拟口 0,代码如下:

```
randomSeed(analogRead(0));
```

 拓展

大家可结合红外接收管做个红外遥控数码管,在数码管上显示你在红外遥控器上按下的数字。

5.11 实时温湿度检测器——
温湿度传感器 + I2C LCD1602 液晶模块

本节来实现一个实时温湿度检测器,只需要一个 DHT11 温湿度传感器就能做到,再外加一个 1602 的显示屏,实时查看数据。如果外加网络模板,则数据不仅能实时显示,还能放到网上,或者通过微博发布出去,是不是很心动了呢?那就先做个最简单的本地实时显示数据。

1. 所需元件

制作实时温湿度检测器所需的元件如图 5-60 和图 5-61 所示。

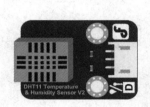

图 5-60　1 个 DHT11 温湿度传感器

图 5-61　1 个 I2C LCD1602 液晶模块

2. 硬件连接

DHT11 温湿度传感器接数字口 4,LCD GND 接 GND,LCD VCC 接 5 V,LCD SDA 接 SDA,LCD SCL 接 SCL,A0、A1、A2 全部插上跳冒,如图 5-62 所示。

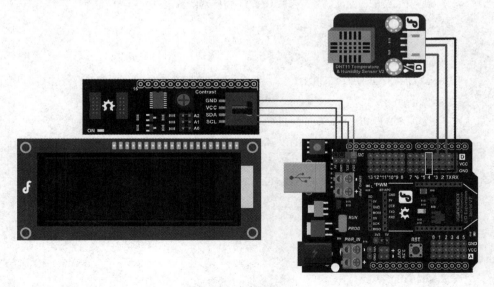

图 5-62　硬件连接图

3. 输入代码

下载代码之前，先把库"dht11"和"LiquidCrystal_I2C"放入 Arduino IDE 的 libraries 中。

样例代码 13：

```cpp
//实时温湿度检测器
#include <dht11.h>
#include <Wire.h>
#include <LiquidCrystal_I2C.h>
LiquidCrystal_I2C lcd(0x20,16,2);//设置 LCD 的地址为 0x20，可以设置 2 行，每行 16 个字符
dht11 DHT;
#define DHT11_PIN 4

void setup(){
    lcd.init();                  //LCD 初始化设置
    lcd.backlight();             //打开 LCD 背光
    Serial.begin(9600);          //设置串口波特率 9600

    //串口输出"Type, status, Humidity(%), Temperature(C) "
    Serial.println("Type,\tstatus,\ tHumidity(%),\tTemperature(C)");

    lcd.print("Humidity(%): ");  //LCD 屏显示"Humidity(%):"
    lcd.setCursor(0, 1);         //光标移到第 2 行，第一个字符
    lcd.print("Temp(C): ");      //LCD 屏显示"Temp(C): "
    }

void loop(){ int chk;   //chk 用于存储 DHT11 传感器的数据
    Serial.print("DHT11, \t");

    //读取 DHT11 传感器的数据 chk
    chk= DHT.read(DHT11_PIN);
    switch (chk){
        case DHTLIB_OK: Serial.print("OK,\t"); break;
        case DHTLIB_ERROR_CHECKSUM: Serial.print("Checksum error,\t"); break;
        case DHTLIB_ERROR_TIMEOUT: Serial.print("Time out error,\t"); break;
        default: Serial.print("Unknown error,\t"); break;
}

//串口显示温湿度值
    Serial.print(DHT.humidity,1);
    Serial.print(",\t");
    Serial.println(DHT.temperature,1);
```

第 5 章　Arduino 基础传感器

```
        //LCD 显示温湿度值
        lcd.setCursor(12, 0);
        lcd.print(DHT.humidity,1);
        lcd.setCursor(8, 1);
        lcd.print(DHT.temperature,1);

        delay(1000);
    }
```

下载完代码后，不仅可以从 LCD 屏上显示当前的温湿度，还可以从串口中看到值，如图 5-63 所示。

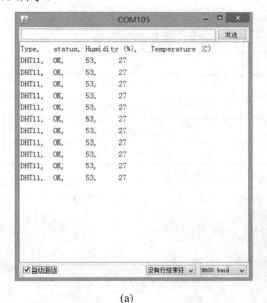
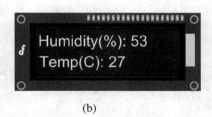

(a)　　　　　　　　　　　　　　(b)

图 5-63　实时温度显示结果

4．代码回顾

首先，把用到的库声明一下：

```
#include <dht11.h>
#include <Wire.h>
#include <LiquidCrystal_I2C.h>
```

dht11.h 和 LiquidCrystal_I2C 的库事先已经加载过了，那么 Wire.h 的库为什么不需要加载呢？因为下载的 Arduino IDE 本身自带这个库。

有了现有的库，所以只需要在程序的一开始声明一下这个 LCD：

```
LiquidCrystal_I2C lcd(0x20,16,2);
```

其中，0x20 表示 I2C LCD 地址(短路帽插上为 0，拔掉为 1)，见表 5-1；16 表示每行 16 个字符；2 表示共 2 行。代码中 LiquidCrystal_I2C 涉及的函数的说明如表 5-2 所示。

表 5-1 I2C LCD 地址

A2	A1	A0	地址
0	0	0	0x20
0	0	1	0x21
0	1	0	0x22
0	1	1	0x23
1	0	0	0x24
1	0	1	0x25
1	1	0	0x26
1	1	1	0x27

表 5-2 代码中 LiquidCrystal_I2C 涉及函数说明

函　　数	说　　明
lcd.init()	LCD 初始化
lcd.backlight()	打开 LCD 背光灯
lcd.print()	LCD 显示
lcd.setCursor()	设置 LCD 光标停留位置

代码中的 switch…case 语句，"switch" 可以理解为是"开关"，多选择开关。它与 if 语句的相似之处在于它也用于判断，而与 if 语句的不同点在于它能判断多种情况。如：

```
switch(var)
{    case 1:
         //当 var=1，做点什么事 break;
         //跳出 switch 语句
     case 2:
         //当 var=2，做点什么事
     break; default:
         //如果没有一种情况是匹配的，运行 default
         //default 可有可无，视情况而定
}
```

注意：

(1) case 后面是冒号，不是分号。

(2) 关键字 break 用于退出 switch 语句，通常每条 case 语句都以 break 结尾。如果没有 break 语句，则 switch 语句将会一直执行接下来的语句(一直向下)直到遇见一个 break，或者直到 switch 语句结尾。

拓展

(1) 利用 setCursor()函数实现移位显示。

(2) 用红外发送遥控器对着红外接收模块按键,输入 0~9 的任一数字,LCD 上会显示相应的数字。

(3) 液晶模块自定义符号输出,代码如下:

```
#include <Wire.h>
#include <LiquidCrystal_I2C.h>

LiquidCrystal_I2C lcd(0x20,16,2);

byte p1[8]={0x4,0xe,0xe,0xe,0x1f,0x0,0x4};//bell
byte p2[8]={0x2,0x3,0x2,0xe,0x1e,0xc,0x0};//note
byte p3[8]={0x0,0xa,0x1f,0x1f,0xe,0x4,0x0};//heart
byte p4[8]={0x0,0x1,0x3,0x16,0x1c,0x8,0x0};//check
byte p5[8]={0x0,0x1b,0xe,0x4,0xe,0x1b,0x0};//cross

void setup()
{
    lcd.init();
    lcd.backlight();
    lcd.createChar(0,p1);
    lcd.createChar(1,p2);
    lcd.createChar(2,p3);
    lcd.createChar(3,p4);
    lcd.createChar(4,p5);

}

void loop()
{
    lcd.setCursor(0,1);
    lcd.write(0);
    lcd.setCursor(2,0);
    lcd.write(1);
    lcd.setCursor(4,1);
    lcd.write(2);
    lcd.setCursor(6,0);
    lcd.write(3);
    lcd.setCursor(8,1);
    lcd.write(4);
    delay(1000);
}
```

5.12 智能家居——中文语音识别模块 Voice Recognition V1.1

晚上回到家,家里黑漆漆一片,得找到开灯的按钮才算完事,有时候在想,如果灯泡会听话该多好啊,有了这个想法,智能家居就应运而生了。用 Arduino 打造这么一款智能家居,需要开灯的时候,只需用标准的普通话说"开~~灯~~",灯就会被点亮,说"关~~灯~~",灯就会熄灭。

1. 所需元件

制作智能家居所需的元件如图 5-64 和图 5-65 所示。

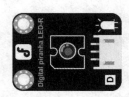

图 5-64　1 个中文语音识别模块　　　图 5-65　1 个数字食人鱼红色 LED 发光模块

2. 硬件连接

硬件连接图如图 5-66 所示。

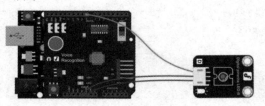

图 5-66　硬件连接图

3. 输入代码

样例代码 14:

```
#代码所需库文件 voiceRecognition
#include <avr/wdt.h>
#include <VoiceRecognition.h>
VoiceRecognition Voice;
#define Led 8                        //定义 Led 引脚为 8

void setup() {
    Serial.begin(9600);
    pinMode(Led,OUTPUT);             //初始化 LED 引脚为输出模式
    digitalWrite(Led,LOW);           //LED 引脚低电平
```

```
    Voice.init();//初始化 VoiceRecognition 模块
    Voice.addCommand("kai deng",0); //添加指令，参数1: 指令内容，参数2: 指令标签(可重复)
                                    //如"北京"和"首都"代表同样含义，则可共用标签，
                                    //无返回
    Voice.addCommand("guan deng",1); //添加指令，参数(指令内容，指令标签(可重复))
    Voice.start();//开始识别
    wdt_enable(WDTO_1S);            //打开看门狗(防止死机)
}

void loop() {
    switch(Voice.read())    //判断识别内容，在有识别结果的情况下 Voice.Read()会返回该指令
                            //标签，否则返回-1
    {
        case 0: //若是指令为 "kai deng"
            digitalWrite(Led,HIGH);                         //则点亮 LED
            Serial.println("received'kai deng',command flag'0'");//串口发送
            received"kai deng",command flag"0"
            break;
        case 1:                         //若是指令为 "guan deng"
            digitalWrite(Led,LOW);      //则熄灭 LED
            Serial.println("received'guan deng',command flag'1'");    //串口发送
            received"guan deng",command flag"1"
            break;
    }
    wdt_reset();
}
```

将代码下载到主板中，即可以测试中文语音识别模块的效果了。

5.13 综合示例——自动浇花系统

1．概述

随着人们生活节奏的加快，即使是最爱的花草浇水也无法顾及，偶尔出差、旅行、探亲也是很正常的事情，而家中花草谁来管？花草生长问题80%以上是由花儿浇灌问题引起的，好不容易种植几个月的花草，因为浇水不及时，长势不好，用来美化家园的花草几乎成了"鸡肋"，怎么办呢？DIY爱好者可以自己编程、设置参数，自己动手组装一个自动浇花控制器，这是一款基于 Arduino 的控制器，使用土壤湿度传感器对土壤湿度进行监测，通过温湿度传感器对室内温度、湿度进行测量，控制水泵或电池阀进行浇水，从而达到自动浇灌的目的。

2. 配件清单

(1) Free Life 自动浇花系统控制器 1 个；
(2) Micro USB 线 1 根；
(3) DHT11 温湿度传感器 1 个；
(4) 土壤湿度传感器 1 个；
(5) 模拟接口转数字接口传感器连接线 2 根；
(6) 潜水泵 1 个(注意潜水泵必须在水中使用，不能露出水面)；
(7) 潜水泵电源连接线 1 根；
(8) 主板电源连接线 1 根；
(9) 橡胶水管 1 米；
(10) 塑料外壳 1 个；
(11) 2 mm 一字螺丝刀 1 个；
(12) 1 号十字螺丝刀 1 个；
(13) 电子文档上位机软件 1 份。

3. 组装示意图

组装示意图如图 5-67 所示。

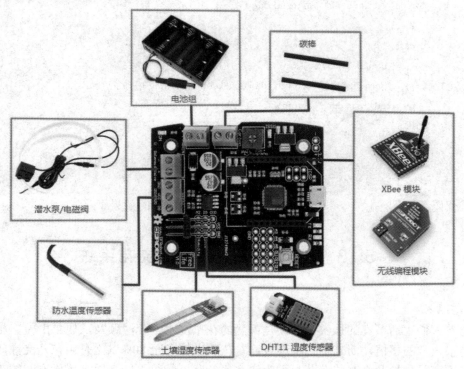

图 5-67　硬件连接图

4. 单盆花的浇灌制作步骤

(1) 将 Moisture Sensor 与 Arduino 自动浇花系统控制器连接起来。Moisture Sensor 连接到控制板的任意可用模拟口，用于采集土壤的湿度参数(选择不同的模拟口，程序中需对应应模拟口设置),默认选择模拟口 2(注意区分电源正负,红色为+,黑色为−),然后将 Moisture Sensor 插到土壤中(插入 2/3 即可)。

(2) 水泵连接到控制器的 MOTOR 插座上,注意区分正负(棕色为正,蓝色为负),将橡胶水管插到潜水泵的出水口上,另一端固定在花盆上。

(3) 将水装到水桶或水盆里,放在离花盆较近的位置,将潜水泵置于水桶或水盆内,保证蓄水充足,以供浇水(注意潜水泵必须在水中使用)。

(4) Arduino 自动浇花系统控制器需要使用程序下载器连接到电脑才能与上位机通信。程序下载器在使用前需要安装 USB 驱动程序。注意,如果自动浇花使用了电池盒供电,则下载器上有的一个电源跳线,需要拔掉。如果没有供电,那么可以使用下载器给控制器供电,跳线插接到 5 V 端。

(5) 为了能方便观察土壤湿度及室内环境的参数,可以使用 Flower's Life 这款软件,通过该软件能把土壤的湿度和环境温湿度数据呈现。打开 Flower's Life 软件,界面如图 5-68 所示。

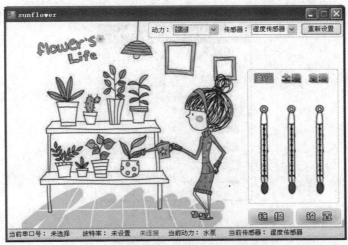

图 5-68　Flower's Life 软件主界面

程序代码:

```
#include <Free_Life.h>        //提供的库函数
#include <DHT.h>

#define temperature 40        //设置环境最大温度

Free_Life flower;

void setup()
{
    flower.Initialization();  //初始化主控制器,默认选择湿度传感器和水泵
    Serial.begin(115200);     ///波特率 115200
}
```

```
void loop()
{
    flower.process(temperature); //室内温度、湿度检测
    flower.print();      //输出室内温度、土壤湿度、室内湿度、土壤湿度阀值、传感器和
                         //驱动器参数给上位机
    delay(500);
}
```

(6) 该软件主要通过对串口数据的监听，来实现对当前控制器串口返回的土壤湿度和室内温度、湿度等参数的读取。其读取时间不定，该软件会自动监测串口数据的接收并自动读取，不会在没有数据的时候随意读取，避免了一定的数据读取冲突造成的错误。

(7) 通过这款软件，能对浇水的动力和湿度传感器进行选择，动力包括潜水泵和双稳态电磁阀，传感器包括土壤湿度传感器和碳棒，默认设置为潜水泵和土壤湿度传感器，在没有其他装置的情况下请勿乱设置。点击设置(见图 5-69)，选择当前串口端口号和通信波特率，串口号可到设备管理器中查看 Arduino 下载器的端口号，波特率默认为 115200。

图 5-69 串口设置

(8) 设置好后，单击"链接"按钮(见图 5-70)。连接成功后，就可以看到当前土壤湿度以及室内温湿度的情况了，如图 5-71 所示。

图 5-70 单击"链接"按钮

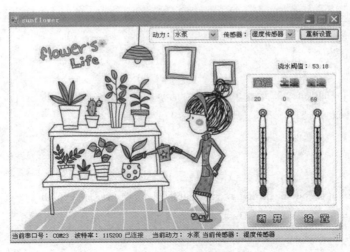

图 5-71　连接成功的软件主界面

(9) 不同的花,对土壤湿度的需求也不尽相同,可以根据自动浇花控制器上的湿度调整电位器来改变浇水阈值,以适应不同花儿对土壤湿度的需求,轻轻转动电位器旋钮(如图 5-72 箭头所示),软件上的浇水阈值的数据也会随之发生改变,这样,就能根据花儿的最佳生长状态调节一个适合的浇水阈值了,浇水的上限在库文件中做修改即可。

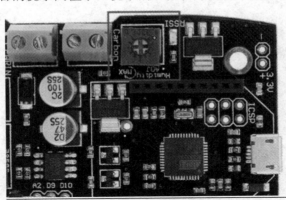

图 5-72　电位器调整

(10) 另外,如果环境温度过高,则花儿不宜浇水,否则可能会导致花儿枯死。浇水的温度阈值在程序中进行设置,默认为 35℃以上不启动浇水系统,也可以根据自己意愿进行修改。

水泵测试代码如下:

```
#include <AutoWatering.h>
#include <DHT.h>

#define MaxTemprature 40    //The Maximum Value of the Temperature
#define SensorTest 1
#define CarbonTest 0
```

```cpp
AutoWatering flower;

void setup()
{
   flower.Initialization();//Initialization for the watering kit
   Serial.begin(115200);//Buad Rate is set as 115200bps
}
void loop()
{
   //Power on the pump according to the ambient temperature and humidity
   pumpOn(SensorTest,CarbonTest,MaxTemprature);
   //Power on the pump for testing whether the pump can work properly
   //flower.pumpTestOn();
   delay(2000);
   flower.pumpOff();
   delay(2000);
   Serial.println();
}

//Power on the pump according to the ambient temperature and humidity
void pumpOn(int MoiSensor, int Carbon, int Temperature_max)
{
    int humidity;
    int humidity_max;
    float dht_t;

    //Choose to use the Moisture Sensor or the Carbon
    //to test the soil moisture
    if(MoiSensor==1&&Carbon==0)
    {
      humidity = flower.MoistureSensor();
    }else if(MoiSensor==0&&Carbon==1)
    {
      humidity = flower.CarbonRod();
    }else{
      humidity = 0;
    }
    Serial.print("Soil Moisture is :");
    Serial.println(humidity);
```

```
humidity_max = flower.ADJ_humMax();

dht_t = flower.getTemperature();
Serial.print("Temperature is :");
Serial.println(dht_t);

digitalWrite(6,LOW);
digitalWrite(5,LOW);
digitalWrite(7,LOW);
digitalWrite(4,LOW);

if(humidity<=humidity_max&&dht_t<=Temperature_max)
  {
    digitalWrite(6,HIGH);
    digitalWrite(5,HIGH);
    Serial.println("Pump is on!");
  }
else
  {
    digitalWrite(6,LOW);
    digitalWrite(5,LOW);
  }
}
```

第 6 章 智能小车

6.1 miniQ 智能小车

6.1.1 基本器件介绍

miniQ 智能小车的基本器件如图 6-1 所示,各器件功能介绍如下。

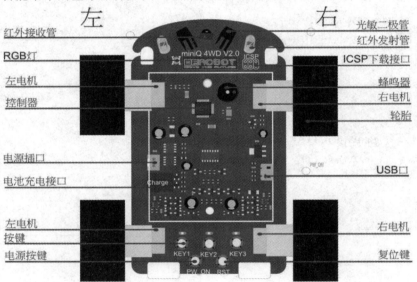

图 6-1 小车基本器件

红外发射管:发射红外信号,用于障碍物探测等。
红外接收管:接收红外发射管发射出的红外信号。
光敏二极管:用于检测是否有光照,使小车进行寻光运动等。
按键:用于输入信号给小车,以控制小车。
RGB 灯:可以使用程序使其发出不同颜色的光,用于装饰或者程序调试等。
USB 口:用于程序下载、调试以及供电。
蜂鸣器(无源):发出报警声或音乐等。
控制器:AVR 芯片 Atmega32U4。
电机:通过控制电机的不同动作,使小车前进、后退或转弯。
复位键:使小车的程序重新运行。

电源按键：开关小车的电源。

电源插口：给整个小车供电。

电池充电接口：如果使用的是充电电池，则可以直接用这个接口通过充电器给电池充电。

巡线传感器：黑白色传感器，用来识别黑白色小车跑道。

6.1.2 蜂鸣器

1. 蜂鸣器介绍

蜂鸣器(见图6-2)作为一个基本型电子器件，生活中我们总会遇到，例如在电脑、闹钟、打印机、复印机和报警器中都会用到。不仅使用广泛，用法也极为简单。

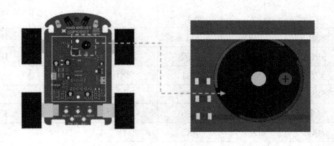

图6-2 蜂鸣器

蜂鸣器分为有源蜂鸣器和无源蜂鸣器。有源蜂鸣器直接接上额定电源(新的蜂鸣器在标签上都有注明)就可连续发声；而无源蜂鸣器则和电磁扬声器一样，需要接在音频输出电路中才能发声。

有源蜂鸣器与无源蜂鸣器的区别：注意这里的"源"不是指电源，而是指震荡源。也就是说，有源蜂鸣器内部带震荡源，所以只要一通电就会叫；而无源蜂鸣器内部不带震荡源，所以如果用直流信号无法令其鸣叫，必须使用2～5 kHz的方波去驱动它。有源蜂鸣器往往比无源的贵，就是因为里面多个震荡电路。

无源蜂鸣器的优点：

(1) 便宜，声音频率可控，可以做出如表6-1～表6-3所示的"多来米发索拉西"7个音符对应的低音、纯音、高音的频率。

表6-1 "多来米发索拉西"低音频率

音调 音符	1.	2.	3.	4.	5.	6.	7.
A	221	248	278	294	330	371	416
B	248	278	294	330	371	416	467
C	131	147	165	175	196	221	248
D	147	165	175	196	221	248	278
E	165	175	196	221	248	278	312
F	175	196	221	234	262	294	330
G	196	221	234	262	294	330	371

表6-2　"多来米发索拉西"纯音频率

音调 音符	1	2	3	4	5	6	7
A	441	495	556	589	661	742	833
B	495	556	624	661	742	833	935
C	262	294	330	350	393	441	495
D	294	330	350	393	441	495	550
E	330	350	393	441	495	556	624
F	350	393	441	495	556	624	661
G	393	441	495	556	624	661	742

表6-3　"多来米发索拉西"高音频率

音调 音符	$\dot{1}$	$\dot{2}$	$\dot{3}$	$\dot{4}$	$\dot{5}$	$\dot{6}$	$\dot{7}$
A	882	990	1112	1178	1322	1484	1665
B	990	1112	1178	1322	1484	1665	1869
C	525	589	661	700	786	882	990
D	589	661	700	786	882	990	1112
E	661	700	786	882	990	1112	1248
F	700	786	882	935	1049	1178	1322
G	786	882	990	1049	1178	1322	1484

(2) 在一些特例中，可以和LED复用一个控制口。

有源蜂鸣器的优点：程序控制方便。

2．小车上蜂鸣器的使用

小车上使用的是无源蜂鸣器。虽然在小车上使用无源蜂鸣器会在控制方法上难度稍大，但是音调是可以自由控制的，而且它可以用于播放简单的音乐，使小车的趣味性提升很多。

示例代码1：

```
#define BUZZER 16//蜂鸣器连接芯片的引脚号为数字脚16号脚
void setup()                    //初始化设置
{
    pinMode(BUZZER,OUTPUT); //初始化设置蜂鸣器引脚，设置为输出模式
}
void loop()                     //程序运行主函数，会一直循环运行
{
    int i=0;
    //播放声音
    for(i=0;i<80;i++)
    {
        digitalWrite(BUZZER,HIGH);     //使16号脚输出5V
        delay(1);                       //延时1ms
```

```
        digitalWrite(BUZZER,LOW);      //使16号脚输出0V
        delay(1);                       //延时1ms
    }
    //播放另一种音乐
    for(i=0;i<100;i++)
    {
        digitalWrite(BUZZER,HIGH);      //使16号脚输出5 V
        delay(2);                       //延时2 ms
        digitalWrite(BUZZER,LOW);       //使16号脚输出0 V
        delay(2);                       //延时2 ms
    }
}
```

示例代码2：
```
    #define Do 262
    #define Re 294
    #define Mi 330
    #define Fa 349
    #define Sol 392
    #define La 440
    #define Si 494
    #define Do_h 523
    #define Re_h 587
    #define Mi_h 659
    #define Fa_h 698
    #define Sol_h 784
    #define La_h 880
    #define Si_h 988
    int length;
    int scale[]={Sol,Sol,La,Sol,Do_h,Si,
                 Sol,Sol,La,Sol,Re_h,Do_h,
                 Sol,Sol,Sol_h,Mi_h,Do_h,Si,La,
                 Fa_h,Fa_h,Mi_h,Do_h,Re_h,Do_h};      //生日歌曲谱
    float durt[]=
    {
        0.5,0.5,1,1,1,1+1,
        0.5,0.5,1,1,1,1+1,
        0.5,0.5,1,1,1,1,1,
        0.5,0.5,1,1,1,1+1,
    };                                                //音长
```

```
int tonepin=3;                          //用 8 号引脚
void setup()
{
  pinMode(tonepin,OUTPUT);
  length=sizeof(scale)/sizeof(scale[0]);   //计算长度
}
void loop()
{
  for(int x=0;x<25;x++)
  {
    tone(tonepin,scale[x]);
    delay(500*durt[x]);    //这里用来根据节拍调节延时,500 这个指数可以自己调整
    noTone(tonepin);
  }
  delay(2000);
}
```

3. 电路部分分析

蜂鸣器部分驱动电路如图 6-3 所示,V1 为三极管,U1 是蜂鸣器,R1 为电阻,D16 是 Arduino 的数字脚 14 的引脚。

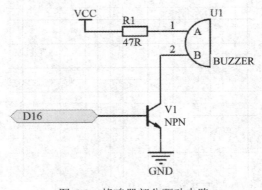

图 6-3 蜂鸣器部分驱动电路

图 6-4 是更加直观的蜂鸣器连接图。

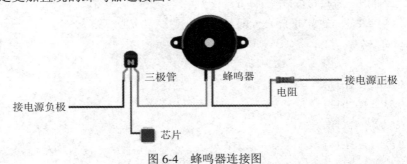

图 6-4 蜂鸣器连接图

图 6-4 中,电流由电源正极经过电阻和蜂鸣器,在三极管处断开,此时蜂鸣器是不发出声响的。当芯片控制三极管工作时,三极管会允许从电源正极的电流经过,使蜂鸣器正常工作。当然,由于接线原因,图中的三极管只能接受 0 V 或 5 V 的信号,从蜂鸣器经过的电流等于芯片到电源负极的电流乘以三极管的放大倍数。

6.1.3 光敏二极管

光敏二极管如图 6-5 所示。

图 6-5 光敏二极管

或许我们都设想过要做一个可以自己开关的灯,使得夜晚到来时可以自动打开照亮温暖的小屋。而如果要实现的话,就需要知道屋子里光线的强弱,于是,我们就需要光敏电阻的帮助。

1. 小车上光敏二极管使用示例

示例代码 3:

```
#define BUZZER 16//定义 BUZZER 的值为 16,即数字脚 16 号引脚

void setup()        //程序初始化
{
  pinMode(BUZZER,OUTPUT); //设置数字脚 16 号脚为输出模式
  Serial.begin(9600);     //串口通信速率设置为 9600
}

void loop()              //会一直循环运行主函数
{
  int i=0,j=0;
  i=analogRead(5);       //i 的值为 5 号模拟引脚读到的电压值
  Serial.println(i);     //使用串口将数值打印到电脑上
  if(i<400)              //如果左边有光
  {
    for(i=0;i<80;i++)    //蜂鸣器以一定频率鸣叫
```

```
            {
                digitalWrite(BUZZER,HIGH);      //16 号引脚输出为 5 V
                delay(1);                        //延时 1ms
                digitalWrite(BUZZER,LOW);       //16 号引脚输出为 0 V
                delay(1);       //延时 1ms
            }
        }
        else if (i>600)                          //如果左边没有光的情况下右边有光
        {
            for(i=0;i<80;i++)                    //则蜂鸣器以另一种频率鸣叫
            {
                digitalWrite(BUZZER,HIGH);      //16 号引脚输出为 5V
                delay(3);                        //延时 3ms
                digitalWrite(BUZZER,LOW);       //16 号引脚输出为 0V
                delay(3);                        //延时 3 ms
            }
        }
    }
```

下载好程序后，用手电筒分别照在小车前面的两个光敏二极管上，观察蜂鸣器的鸣叫有什么不同。若直接将小车上左右光敏电阻分别对着室外，则也可以达到同样的效果。

当然，也可以打开串口助手观察采集到的电压值，如图 6-6 所示。

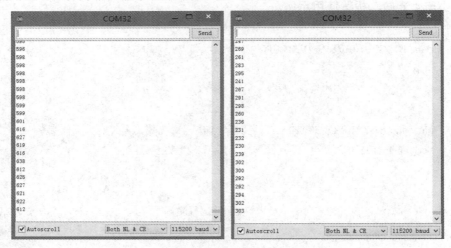

图 6-6　左右光敏二极管的电压值

2．硬件原理

光敏二极管，实际上就是一个光敏电阻，它对光的变化非常敏感。光敏二极管的管芯是一个具有光敏特征的 PN 结，具有单向导电性，因此可以利用光照强弱来改变电路中的电流。这些制作材料具有在特定波长的光照射下，其阻值迅速减小的特性。

3. 电路分析

如图 6-7 所示是小车光敏二极管的原理图。

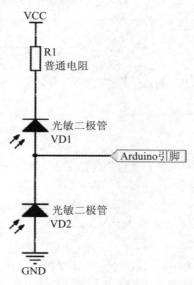

图 6-7 光敏二极管原理图

其中，两个光敏二极管的阻值在光照的情况下都变得很小，此时普通电阻可以防止电流过大，起到了限流的作用。图 6-7 中，如果只有 VD2 光敏二极管受到光照，则相当于 Arduino 引脚与 GND 直接相连，此时 Arduino 引脚上的电压信号会与 0 V 十分接近，当只有 VD1 光敏二极管受到光照时，Arduino 引脚上测得的电压会很接近于 5 V。这样就分辨出了光线是在小车的哪一边。结合前一节讲的蜂鸣器电路，就可以根据光线的方向不同使蜂鸣器发出不同鸣叫声。

6.1.4 RGB 彩灯

1. 示例程序

运行提供的是示例程序，观察 RGB 灯的效果。

示例代码 4：

```
#include <Adafruit_NeoPixel.h>   //添加库文件


#define PIN 10

// Parameter 1 = number of pixels in strip

// Parameter 2 = pin number (most are valid)

// Parameter 3 = pixel type flags, add together as needed:

//    NEO_KHZ800    800 kHz bitstream (most NeoPixel products w/WS2812 LEDs)

//    NEO_KHZ400    400 kHz (classic 'v1' (not v2) FLORA pixels, WS2811 drivers)

//    NEO_GRB       Pixels are wired for GRB bitstream (most NeoPixel products)
```

// NEO_RGB   Pixels are wired for RGB bitstream (v1 FLORA pixels, not v2)

Adafruit_NeoPixel strip = Adafruit_NeoPixel(1, PIN, NEO_GRB + NEO_KHZ800);

void setup() {
  strip.begin();
  strip.show(); // Initialize all pixels to 'off'
}

void loop() {
//   // Some example procedures showing how to display to the pixels:
//   colorWipe(strip.Color(255, 0, 0), 50); // Red
//   colorWipe(strip.Color(0, 255, 0), 50); // Green
//   colorWipe(strip.Color(0, 0, 255), 50); // Blue
//   // Send a theater pixel chase in...
//   theaterChase(strip.Color(127, 127, 127), 50); // White
//   theaterChase(strip.Color(127,   0,   0), 50); // Red
//   theaterChase(strip.Color(0,   0, 127), 50); // Blue

  rainbow(20);
  // rainbowCycle(20);
  // theaterChaseRainbow(50);
}

// Fill the dots one after the other with a color
void colorWipe(uint32_t c, uint8_t wait) {
  for(uint16_t i=0; i<strip.numPixels(); i++) {
      strip.setPixelColor(i, c);
      strip.show();
      delay(wait);
  }
}

void rainbow(uint8_t wait) {
  uint16_t i, j;

  for(j=0; j<256; j++) {
    for(i=0; i<strip.numPixels(); i++) {
      strip.setPixelColor(i, Wheel((i+j) & 255));
```
```

```
    }
    strip.show();
    delay(wait);
  }
}

// Slightly different, this makes the rainbow equally distributed throughout
void rainbowCycle(uint8_t wait) {
  uint16_t i, j;

  for(j=0; j<256*5; j++) { // 5 cycles of all colors on wheel
    for(i=0; i< strip.numPixels(); i++) {
      strip.setPixelColor(i, Wheel(((i * 256 / strip.numPixels()) + j) & 255));
    }
    strip.show();
    delay(wait);
  }
}


//Theatre-style crawling lights.
void theaterChase(uint32_t c, uint8_t wait) {
  for (int j=0; j<10; j++) {    //do 10 cycles of chasing
    for (int q=0; q < 3; q++) {
      for (int i=0; i < strip.numPixels(); i=i+3) {
        strip.setPixelColor(i+q, c);        //turn every third pixel on
      }
      strip.show();

      delay(wait);

      for (int i=0; i < strip.numPixels(); i=i+3) {
        strip.setPixelColor(i+q, 0);          //turn every third pixel off
      }
    }
  }
}

//Theatre-style crawling lights with rainbow effect
void theaterChaseRainbow(uint8_t wait) {
```

```
        for (int j=0; j < 256; j++) {      // cycle all 256 colors in the wheel
            for (int q=0; q < 3; q++) {
                for (int i=0; i < strip.numPixels(); i=i+3) {
                    strip.setPixelColor(i+q, Wheel( (i+j) % 255));    //turn every third pixel on
                }
                strip.show();

                delay(wait);

                for (int i=0; i < strip.numPixels(); i=i+3) {
                    strip.setPixelColor(i+q, 0);        //turn every third pixel off
                }
            }
        }
}

// Input a value 0 to 255 to get a color value.
// The colours are a transition r - g - b - back to r.
uint32_t Wheel(byte WheelPos) {
    if(WheelPos < 85) {
        return strip.Color(WheelPos * 3, 255 - WheelPos * 3, 0);
    } else if(WheelPos < 170) {
        WheelPos -= 85;
        return strip.Color(255 - WheelPos * 3, 0, WheelPos * 3);
    } else {
        WheelPos -= 170;
        return strip.Color(0, WheelPos * 3, 255 - WheelPos * 3);
    }
}
```

2．RGB 变色原理

RGB 色彩模式是工业界的一种颜色标准，是通过对红(R)、绿(G)、蓝(B)三个颜色通道的变化以及它们相互之间的叠加来得到各式各样的颜色的，RGB 即是代表红、绿、蓝三个通道的颜色，这个标准几乎包括了人类视力所能感知的所有颜色，是目前运用最广的颜色系统之一。一般的 RGB 灯有 4 个引脚，R、G、B 三个引脚连接到 LED 灯的一端，还有一个引脚是共用的正极(阳)或者共用的阴极(负)。这里选用的是共阴 RGB。如图 6-8 所示，展示了三个 LED 如何华丽蜕变为一个 RGB 的过程，R、G、B 其实就是三个 LED 的正极，把它们的负极拉到一个公共引脚上了。它们的公共引脚是负极，所以称之为共阴 RGB。

第 6 章 智能小车

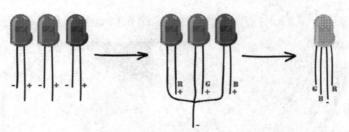

图 6-8 RGB 彩灯原理图

RGB 灯如何使用呢？如何实现变色呢？

RGB 只是简单地把三个颜色的 LED 灯封装在一个 LED 中，只要当做三个灯使用就可以了。我们都知道红色、绿色、蓝色是三原色，小车上的 RGB 灯自带了一个处理芯片，只要按一定的要求发送各个颜色的值，就能让 LED 调出任何想要的颜色。

miniQ 智能小车上的传感器可以让小车实现巡线、避障等功能，这些功能可以通过下一节的四驱小车逐一实现。

6.2 四驱小车

6.2.1 组装步骤

1. 安装电机

拿出零件包找到 8 个长螺丝用来固定电机。按图 6-9 所示的位置摆放电机，找到对应的 8 个固定孔，拧上螺丝就行了。这里可能需要注意的一点是，零件包里面还配有垫圈和锁紧垫片，垫圈可以用于增加摩擦力，使电机固定更牢固；锁紧片用来防止螺母由于震动而导致的松脱。

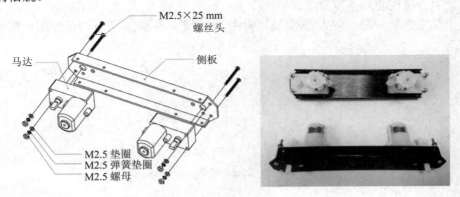

图 6-9 电机安装

2. 连接电机线

取出套件里自带的红、黑导线，每个电机红、黑各一根，长度大约在 15 cm 左右。用剥线钳剥去线两头外皮，留下导线用于连接在电机引脚上。将四个电机线全部连好。

注意：连接的时候，注意线序正确，可参照图 6-10 所示的红、黑线位置。

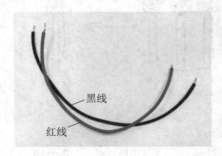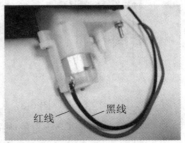

图 6-10　电机线连接

3．安装 Romeo BLE 控制器

找到零件包中的三个 1 cm 长的铜柱，那是用于固定控制板的。首先，需要找到控制器的三个固定空位，并将铜柱拧上去；完成之后，再将控制器用螺丝固定上去，如图 6-11 所示。

图 6-11　安装控制器

4．安装电池盒

若使用外接电源，本步骤可省略。

取出独立包装的两个沉头(顶部是平的)螺丝，按如图 6-12 所示的装配图，将电池盒固定到底盘上。

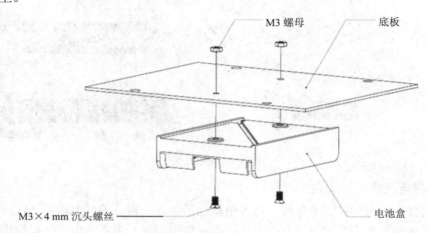

图 6-12　安装电池盒

5. 制作电源开关

机器人需要用电池供电,平时不用的时候,最好断电以节约电量,那电源开关在这里就起到了作用。先按如图 6-13 所示的装配图将机器人的开关位置安装好,安装时注意垫片和螺母的顺序。

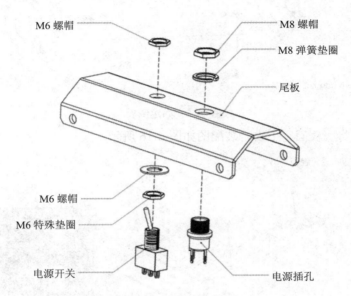

图 6-13　电源开关安装

开关固定完成之后,就要开始连线了,取出前面连接电机连接线剩余的部分用于开关。同样,用剥线钳剥去线两头的外皮,留出导线部分用于连接到开关的引脚上。连接时应注意开关的引脚位置。连接开关和充电接头时注意找准位置。最终的电源开关连线如图 6-14 所示。

图 6-14　电源开关连线

6. 组装底盘

用 8 个 M3×6 mm 的螺丝将前后板固定到侧板上,按如图 6-15 所示的装配图安装。

注意:拧螺丝的时候,不要一开始就将螺丝全拧紧,导致下一步安装上层板的时候,螺丝孔对应不上。

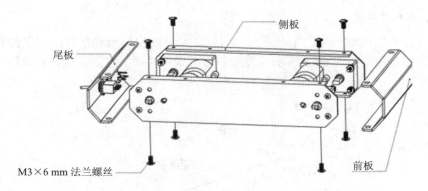

图 6-15　固定侧板

安装完后,将底板固定上去,装配图如图 6-16 所示。

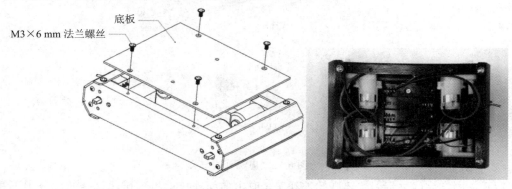

图 6-16　组装底盘

7. 连接电机

这一步需要将电机和控制器连接起来,按如图 6-17 所示的连线图将电机线逐一接到电机驱动的接线柱上,并用螺丝刀拧紧固定。

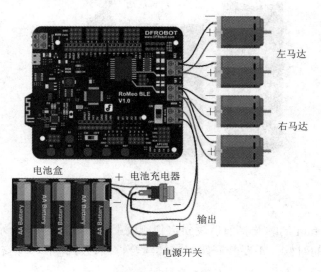

图 6-17　连接电机

注意：同一侧的两个电机需要固定在同一个电机驱动接口上。

连接完成后，需要盖上顶板(见图 6-18)。盖顶板前，可以先装上传感器板，如果用不到传感器板，可以先不装。

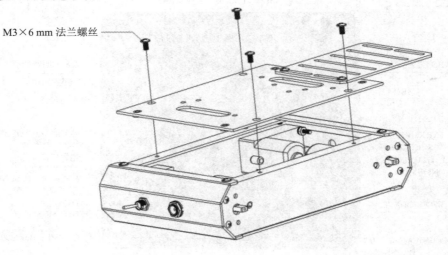

图 6-18　安装顶板

安装完成后的效果图如图 6-19 所示。

图 6-19　安装完成效果图

6.2.2　避障小车

避障小车使用的主板和之前的 miniQ 智能小车不同，它使用的是新一代 RomeoV2，是以 ATmega32U4 为主芯片的多功能控制板。Romeo V2 同样基于 Arduino 开放源代码的 Simple I/O 平台，并且具有使用类似 jave、C 语言的开发环境。Romeo V2 不仅可直插各类 Switch、Sensor 等输入设备，同样可直插多类 LED、舵机等输出设备。板子还集成了电机驱动模块，可通过外接 6～20 V 电压，直接驱动电机。Romeo V2 也可以独立作为一个可以跟软件沟通的平台，这些软件包括 flash、processing、Max/MSP、VVVV 等互动软件。Romeo V2 不但有完整的 Arduino Leonardo 的功能，还集成了 2 路电机驱动、无线数传模块、数字与模拟 I/O 扩展口、I2C 总线接口等功能，如图 6-20 所示。

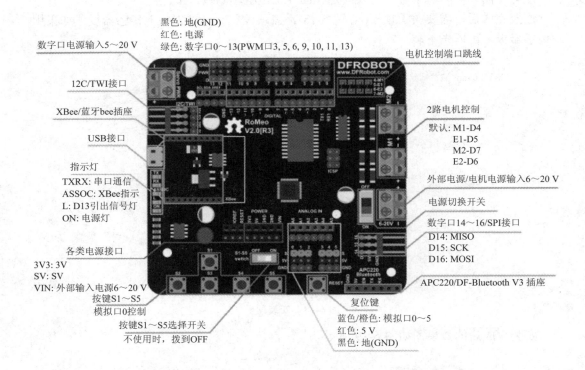

图 6-20 Romeo 多功能控制板

注意：

(1) 上传程序时，需在 Arduino IDE 下选择版型"Leonardo"，否则编译上传会出错。

(2) 串口通信设备：对于串口通信设备，如：Xbee、蓝牙模块、Wi-Fi 模块等，需在代码中使用 Serial1.***()。Serial.***()用于电脑端软件，如串口助手。Arduino IDE 的 Serial Monitor，通过 USB 线调试 Romeo。

(3) 模拟口 A0：当使用 A0 口作为模拟量输入/输出时，需关掉按钮选择开关，即将开关拨到 OFF 的位置。因为板子上的 5 个按钮是连接在 A0 上的，如果打开，则 A0 口的读数不正确。

例 1：五个按键实验。

Romeo V2 集成了 5 个按键 S1~S5，通过模拟端口 0 控制。需要使用这 5 个按键时，如图 6-21 所示，把开关拨到"ON"状态。

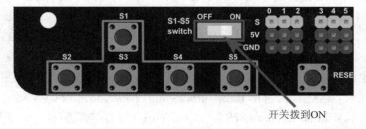

图 6-21 按键控制

示例代码 5：

```
int potPin = 0;                        //定义输入模拟口 0
int ledPin = 13;                       //定义 LED 为 Pin13
int val = 0;

void setup() {
    pinMode(ledPin, OUTPUT);           //设置 LED Pin13 为输出
}

void loop() {
    val = analogRead(potPin);          //读模拟口
    digitalWrite(ledPin, HIGH);        //点亮 LED
    delay(val);                        //延时
    digitalWrite(ledPin, LOW);         //关闭 LED
    delay(val);                        //延时
}
```

程序功能：分别按住 S1～S5 键，会看见 LED 闪烁的频率不同，这是因为按键接入电阻不同，分到模拟口的电压就不同，AD 采集到的数据也就不同。

示例代码 6：

```
int adc_key_val[5] ={50, 200, 400, 600, 800 };    //定义一个数组存放模拟键值比较值
int NUM_KEYS = 5;
int adc_key_in;
int key=-1;
int oldkey=-1;

void setup(){
    pinMode(13, OUTPUT);                //LED13 用来测试是否有按键按下
    Serial.begin(9600); //波特率为 9600bps
}

void loop(){
    adc_key_in = analogRead(0);         //读取模拟口 0 的值
    digitalWrite(13,LOW);
    key = get_key(adc_key_in);          //调用判断按键程序

    if (key != oldkey){                 //判断是否有新键按下
        delay(50);                      //延时去抖
```

```
            adc_key_in = analogRead(0);        //再次读模拟口 0
            key = get_key(adc_key_in);          //调用判断按键程序
            if (key != oldkey)      {
              oldkey = key;
              if (key >=0){
                digitalWrite(13,HIGH);
                switch(key){              // 确认有键按下,就通过串口发送数组相应字符
                  case 0:Serial.println("S1 OK");
                        break;
                  case 1:Serial.println("S2 OK");
                        break;
                  case 2:Serial.println("S3 OK");
                        break;
                  case 3:Serial.println("S4 OK");
                        break;
                  case 4:Serial.println("S5 OK");
                        break;
                }
              }
           }
      }
    delay(100);
}

// 该函数判断是哪个按键被按下,返回该按键序号
int get_key(unsigned int input){
    int k;
    for (k = 0; k < NUM_KEYS; k++){
        if (input < adc_key_val[k]){      //循环对比比较值,判断是否有键按下,有返回键号
            return k;
        }
    }
    if (k >= NUM_KEYS)k = -1;         //没有键按下 k =-1
    return k;
}
```

程序功能:打开 IDE 串口助手,波特率选择 9600,分别按下 S1~S5,在 IDE 串口助手中显示按键对应的字符串,如图 6-22 所示。

第6章 智能小车

图 6-22 按键程序结果

例 2：电机驱动实验。

Romeo V2 上集成了 2 路电机驱动，这是为了让机器人爱好者节约大量制作硬件的时间，而把开发重点放在软件上。电机驱动电路采用 L298 芯片，峰值电流可达 2 A。

PWM 控制模式功能介绍如表 6-4 所示。

表 6-4 PWM 控制模式功能表

引脚	功 能
4	电机 1 方向控制
5	电机 1PWM 控制
6	电机 2PWM 控制
7	电机 2 方向控制

电机驱动电路控制端使用短路跳线选通，用的时候接通，不用时就断开，如图 6-23 所示。

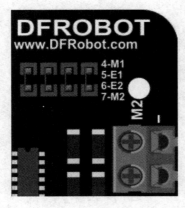

图 6-23 PWM 模式跳线图

示例代码7：

```c
int E1 = 5;         //定义 M1 使能端
int E2 = 6;         //定义 M2 使能端
int M1 = 4;         //定义 M1 控制端
int M2 = 7;         //定义 M2 控制端
void stop(void){                    //停止
    digitalWrite(E1,LOW);
    digitalWrite(E2,LOW);
}

void advance(char a,char b){        //前进
    analogWrite (E1,a);             //PWM 调速
    digitalWrite(M1,HIGH);
    analogWrite (E2,b);
    digitalWrite(M2,HIGH);
}
void back_off (char a,char b) {     //后退
    analogWrite (E1,a);
    digitalWrite(M1,LOW);
    analogWrite (E2,b);
    digitalWrite(M2,LOW);
}
void turn_L (char a,char b) {       //左转
    analogWrite (E1,a);
    digitalWrite(M1,LOW);
    analogWrite (E2,b);
    digitalWrite(M2,HIGH);
}
void turn_R (char a,char b) {       //右转
    analogWrite (E1,a);
    digitalWrite(M1,HIGH);
    analogWrite (E2,b);
    digitalWrite(M2,LOW);
}

void setup(void) {
    int i;
    for(i=4;i<=7;i++)
    pinMode(i, OUTPUT);
    Serial.begin(19200);            //设置串口波特率
}
```

```
void loop(void) {
    if(Serial.available()>0){
        char val = Serial.read();
        if(val!=-1){
            switch(val){
                case 'w'://前进
                    advance (100,100);    //PWM 调速
                    break;
                case 's'://后退
                    back_off (100,100);
                    break;
                case 'a'://左转
                    turn_L (100,100);
                    break;
                case 'd'://右转
                    turn_R (100,100);
                    break;
                case 'q'://停止
                    stop();
                    break;
                default : break;
            }
            delay(40);
        }
    }
}
```

程序功能：串口输入"w"、"s"、"a"、"d"，电机会有相应的动作。

例 3：红外避障传感器。

红外避障传感器(见图 6-24)是一种集发射与接收于一体的光电开关传感器。数字信号的输出伴随传感器后侧指示灯的亮灭，检测距离可以根据要求进行调节。该传感器具有探测距离远、受可见光干扰小、价格便宜、易于装配、使用方便等特点，可以广泛应用于机器人避障、互动媒体、工业自动化流水线等场合。

图 6-24　红外避障传感器

1. 产品参数

- 信号类型：数字输出。
- 工作电压：5 V DC。
- 电流：< 100 mA。
- 探测距离：3～80 cm。

- 探头直径：18 mm。
- 探头长度：45 mm。
- 电缆长度：45 cm。
- 引脚定义：红线接 +5 V；黄线接信号；绿线接地。
- 接口类型：杜邦 3Pin。

2. 硬件连接及代码

硬件连接图如图 6-25 所示。

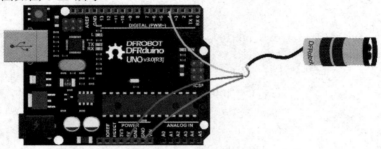

图 6-25　硬件连接图

示例代码 8：

```
const int InfraredSensorPin = 4;//Connect the signal pin to the digital pin 4
const int LedDisp = 13;

void setup()
{
  Serial.begin(57600);
  Serial.println("Start!");
  pinMode(InfraredSensorPin,INPUT);
  pinMode(LedDisp,OUTPUT);
  digitalWrite(LedDisp,LOW);
}

void loop()
{
  if(digitalRead(InfraredSensorPin) == LOW)    digitalWrite(LedDisp,HIGH);
  else   digitalWrite(LedDisp,LOW);
  Serial.print("Infrared Switch Status:");
  Serial.println(digitalRead(InfraredSensorPin),BIN);
  delay(50);
}
```

当传感器没有监测到目标时，UNO 控制板上 13 脚的 LED 灯熄灭，并且串口监视器会接收到数字"1"；当传感器监测到目标时，LED 灯被点亮，并且串口监视器会接收到数字

"0"。如果需要调节监视距离，可以用一字螺丝刀调节背后的旋钮。

6.2.3 巡线小车

DF-miniLTV3.0 是根据红外线的反射原理(深色反射弱，浅色反射强)开发出来的。DF-miniLTV3.0 是单组检测探头，体积小方便安装，可根据实际需要选择使用。巡线传感器可以帮助机器人进行白线或者黑线的跟踪，可以检测白底中的黑线，也可以检测黑底中的白线，它是巡线机器人的必备传感器。

1．产品参数

- 工作电源：3～5 V。
- 探测距离：1～2 cm。
- 工作电流：＜10 mA。
- 工作温度范围：−10℃～+70℃。
- 输出接口：3 线制接口(GND/VCC/S)。
- 输出电平：TTL 电平(黑线低电平有效，白线高电平有效)。
- 模块尺寸：10 mm × 28 mm。
- 模块重量：约 10 g。

2．模块的测试

(1) 找张白纸，在白纸上画根黑线条，或用黑色电工胶带沾在白纸上；

(2) 模块按引脚定义图接好探头模块，切勿接错；

(3) 将巡线模块的红外探头对准黑线，高度为 1 cm 左右，此时指示灯 1 灭，相应输出端输出 TTL 低电平；

(4) 同理，巡线模块的红外探头对准白纸，高度为 1 cm 左右，此时指示灯 1 亮，相应输出端输出 TTL 高电平。

巡线连接图如图 6-26 所示。

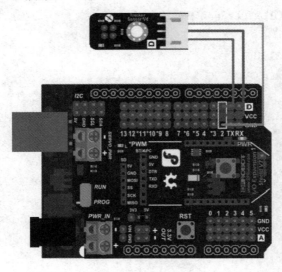

图 6-26　巡线连接图

示例代码9：

```
int sensor1 = 10;
int sensor2 = 11;
int E1 = 5;        //M1 Speed Control
int E2 = 6;        //M2 Speed Control
int M1 = 4;        //M1 Direction Control
int M2 = 7;        //M1 Direction Control

void setup()
{
  Serial.begin(9600);
  pinMode(sensor1,INPUT);    //左边巡线传感器
  pinMode(sensor2,INPUT);    //右边巡线传感器
  pinMode(M1,OUTPUT);
  pinMode(E1,OUTPUT);
  pinMode(M2,OUTPUT);
  pinMode(E2,OUTPUT);
}

void loop()
{
  analogWrite(E1,200);
  analogWrite(E2,200);
  int Left=digitalRead(sensor1);
  int Right=digitalRead(sensor2);
  if(Right==HIGH && Left==LOW)       //右边在白线内，左边在黑线内，则左转
  {
    digitalWrite(M1,HIGH);
    digitalWrite(M2,LOW);
  }
  else if(Right==LOW && Left==LOW )   //两个巡线均在黑线内，则直行
  {
    digitalWrite(M1,HIGH);
    digitalWrite(M2,HIGH);
  }
  else if(Right==LOW && Left==HIGH)   //右边在黑线内，左边在白线内，则右转
  {
    digitalWrite(M1,LOW);
    digitalWrite(M2,HIGH);
```

```
        }
    else
        {
            analogWrite(E1,0);
            analogWrite(E2,0);
        }
    }
```

6.2.4 蓝牙小车

想象一下用 Arduino 或者 iOS 结合 Arduino 开发一款可穿戴的移动设备，比如智能手机、智能手环、智能计步器等，这些可穿戴设备可以通过蓝牙 4.0 与手机通信。通过低功耗的蓝牙 4.0 链接成星型的低功耗网络，达成快速的实时通信，许多的软件工程师或者硬件工程师都希望有这样一个平台来实现以上功能。

BLE-Link 是基于蓝牙 4.0 的通信模块，它采用 XBEE 造型设计，体积尺寸紧凑，兼容 XBEE 的扩展底座，适用于各种 3.3 V 的单片机系统。它也可以实现两个蓝牙模块之间点对点的无线透明传输、主从机设置、无线烧录程序，甚至与 PC 建立 HID 连接。

用户不仅可以通过 AT 指令调试 BLE-Link，而且可以通过 USB 更新 BLE-Link 的芯片程序。BLE-Link 蓝牙 4.0 通信模块可以使用 XBEE 底座插接到 Arduino 控制器上，从而实现蓝牙的无线控制。

1. 技术规格

1) 规格参数
- 蓝牙芯片：TI CC2540。
- 工作频率：2.4 GHz。
- 数据速率—最大值：1 Mb/s GFSK。
- 调制或协议：蓝牙低功耗，V4.0。
- 功耗：工作时为平均 10.6 mA；待机时为 8.7 mA。
- 灵敏度：–93 dBm。
- 电压-电源：3.3 V。
- 工作温度范围：–10℃～+65℃。
- 最远传输距离：30 m 左右(空旷地带)。
- 尺寸：32 mm × 22 mm。
- 支持通过 AT 指令调试 BLE。
- 支持主从机切换。
- 支持串口透传。
- 支持蓝牙远程更新 Arduino 程序(即蓝牙 4.0 无线编程，仅限于 DFRobot 的 Bluno 系列产品)。
- 支持通过 USB 更新 BLE 固件。

- 支持蓝牙 HID。
- 配套 Android 和 IOS 应用，为开放的源码，适合用户二次开发。

2) Android 支持机型

配备蓝牙 4.0 Android 4.3 及以上系统：
- Nexus 4+；
- 小米 2s；
- 三星 Galaxy s4；
- 三星 Galaxy note 3。

3) Apple 支持机型

IOS 7.0+设备：
- iPhone 4S+；
- iPad 3+；
- iPad Mini；
- iPod 5th Gen。

2．配置设备

BLE-Link 引脚图如图 6-27 所示。

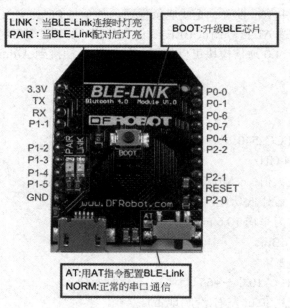

图 6-27　BLE-Link 引脚图

1) 通过 AT 指令配置 BLE 设备

(1) 打开 Arduino IDE。

(2) 在"菜单"→"工具"→"串口"中选择正确的设备。

(3) 开启串口监视器(点击窗口右上角的按键)。

(4) 在两个下拉菜单中选择"No line ending"(见图 6-28①)和"115200 baud"(见图 6-28②)。

(5) 在输入框中(见图 6-28③)输入 "+++"，并点击发送键(见图 6-28④)。
(6) 如果收到 "Enter AT Mode" (见图 6-28⑤)，就证明已经进入 AT 指令模式。

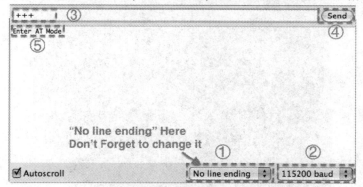

图 6-28　AT 指令配置 BLE 设备

(7) 在两个下拉菜单中选择 "Both NL & CR" (见图 6-29①)和 "115200 baud" (见 6-29②)。
(8) 在输入框中(见图 6-29③)输入 AT 指令，并点击发送键(见图 6-29④)。
(9) 如果 BLE 配置成功，则界面将会返回 "OK" (见图 6-29⑤)。

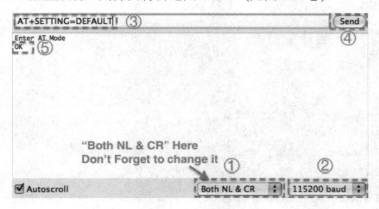

图 6-29　BLE 配置成功界面

(10) 如果收到 "ERROR CMD"，则可以再发一遍。发送多次后如果还是 "ERROR CMD"，则需要检查一下指令发送是否正确。
(11) 使用 "AT + EXIT" 退出 AT 指令模式。

2) 两块蓝牙模块之间通信

(1) 设置模块角色：在两块蓝牙模块之间建立连接时，最重要的一个配置就是设置一个蓝牙模块为主角色，另一个蓝牙模块为从角色。
(2) 设置串口参数：建议两块模块的波特率统一设置为 115200，以便于后面的调试。
(3) 设置模块连接模式：当模块无法被适配器、主机搜索到或无法连接时，需配置该参数，配置为 AT+CMODE = 1。

3. 硬件连接

(1) 将两块蓝牙模块分别插到 I/O 扩展板上，再接到 UNO 上，如图 6-30 所示。

(2) 两块 UNO 通过 USB 连接到电脑上。

图 6-30 两块蓝牙通信

烧录代码时，不要忘记拨到 Prog 一端，烧录完成后，再拨回 Run。下载时，不需要按照上面配对时的主从顺序来下载程序，任何一个蓝牙模块都能作为发送端或者接收端。

发送端代码：

```
void setup(){
    Serial.begin(115200);    //初始化串口并设置波特率为115200
}

void loop(){
    Serial.print("Hello!");
    Serial.println("DFRobot");
    delay(500);
}
```

接收端代码：

```
void setup(){
    Serial.begin(115200);    //初始化串口并设置波特率为115200
}

void loop(){
    char val;
    val = Serial.read();     //读串口
    if(val!=-1){
        Serial.print(val);   //将收到是数据再通过串口发送出去
    }
}
```

同时打开两个串口，观察收发情况，如图 6-31 所示。

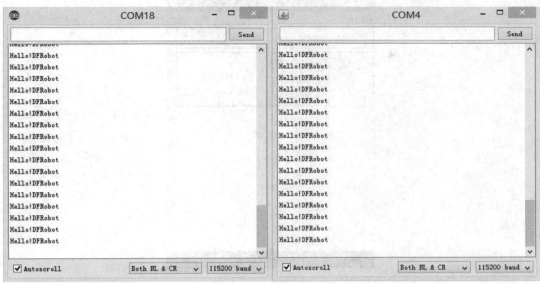

图 6-31　蓝牙通信串口显示

4．手机 App 控制小车

手机 App 控制小车主要运用蓝牙作为通信工具，上位机的程序编写使用的是 App Inventor，下位机使用的是熟悉的 Arduino。先简单介绍一下 App Inventor 吧。

App Inventor 是一个基于云端的、可拖曳的手机应用软件开发环境。它将枯燥的编码转变成积木式的拼图，使得手机应用软件的开发变得简单而有趣。即使不懂得编程语言，使用 App Inventor 也可以开发出属于自己的手机软件，其具有零基础、无门槛、组件多、功能强和出错少等特点。最初的 App Inventor 由 Google 实验室于 2010 年 7 月推出。此后于 2011 年 8 月将其源代码对外开放，随后交由麻省理工学院移动学习中心(The MIT Centre for Mobile Learning)开发，并于 2012 年 3 月对外开放使用，并更名为 MIT App Inventor。2013 年 12 月 3 日，App Inventor 2(简称 AI2)问世，其新版主页的口号是"随身的编程工具，尽情发明吧！"

1) 搭建 App Inventor 平台

首先，搭建 App Inventor 平台。

(1) 在使用 App Inventor 之前，必须确保安装了 Java 环境。

(2) Java 环境安装完成后，需要安装一个软件包 App Inventor。建议安装时不要修改安装路径。

(3) 打开离线包，双击"启动 AIServer.cmd"，再双击"启动 BuildServer.cmd"。打开 Chrome 内核浏览器(比如 Chrome、百度、猎豹、360 等浏览器的极速模式)地址栏，输入 http://127.0.0.1:8888。

2) 编写上位机程序

(1) App 主界面设计如图 6-32 所示。

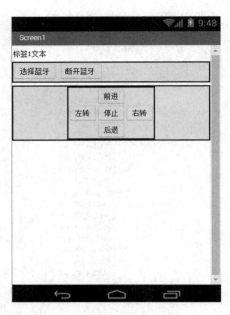

图 6-32　App 主界面设计

(2) App 功能实现。

① 程序初始化时,查看之前有没有配对蓝牙,如果有,就将之前的蓝牙设备列出来以供选择,如图 6-33 所示。

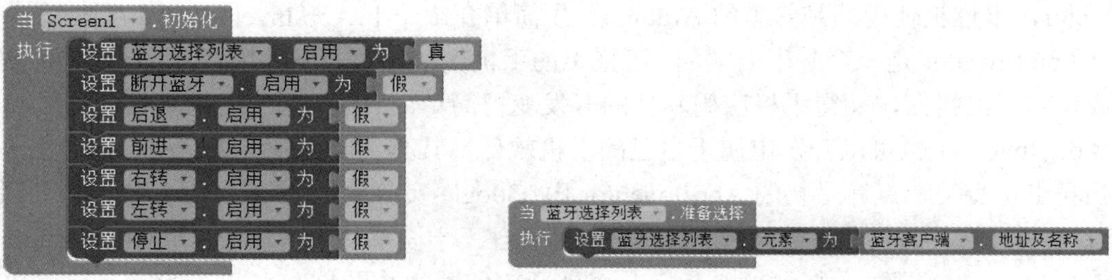

图 6-33　初始化模块

② 通过"选择蓝牙"和"断开蓝牙"两个按键来实现蓝牙的连接和断开,如图 6-34 所示。

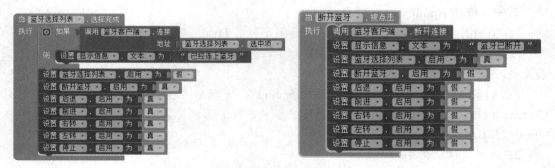

图 6-34　蓝牙连接及断开模块

最后完成与下位机的通信。上下左右四个按钮以及停止按钮分别对应下位机中小车前进、后退、左转、右转、停止的程序，如图 6-35 所示。

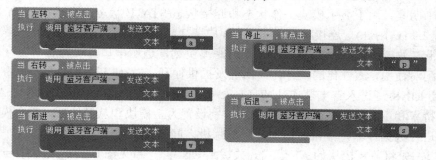

图 6-35 蓝牙通信模块

按下不同的按钮，通过蓝牙给主控板发送不同的信息，然后让主控板判断指令，并且给小车信号，控制小车。最后，打包成 apk，在手机中进行安装。打包方法如图 6-36 所示。

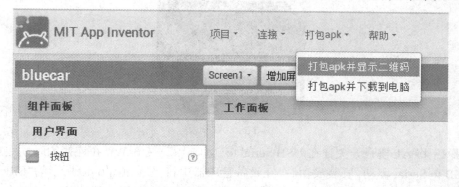

图 6-36 打包 apk

先选择"打包 apk"，然后在下拉列表中可以选择"打包 apk 并显示二维码"，使用手机扫一扫就可以将该文件安装在手机中；也可以选择"打包 apk 并下载到电脑"，实现同样的安装结果。

3）蓝牙配置

手机蓝牙和小车蓝牙之间要实现通信，首先要对其进行配置。由于 App Inventor 不支持 BLE 蓝牙 4.0，故本次实验选用的是 DF-BluetoothV3 蓝牙模块(见图 6-37)。

图 6-37 DF-Bluetooth V3 蓝牙模块

DF-Bluetooth V3 蓝牙模块采用独特双层板设计,既美观又防止静电损坏模块,设计 2 个电源输入口,宽电压供电(3.5～8 V)和 3.3 V 供电,可适用于各种场合。STATE 和 LINK 指示灯清晰明亮,用于显示模块工作状态和连接状态(STATE 状态:搜索状态(高 104 ms 周期 342 ms 2.9 Hz 闪烁),连接状态(高 104 ms 周期 2 s 0.5 Hz 闪烁);LINK 状态:配对后常亮)。自带高效板载天线,信号质量好发射距离更远,透明串口,可与各种蓝牙适配器、蓝牙手机配对使用,人性化的设计为二次开发提供便利。拨码开关可设置模块状态;LED Off 可关闭 LINK 灯进入省电模式;AT Mode 可使模块进入 AT 指令模式,通过 AT 指令可以修改波特率和主从机模式,将 2 个模块分别设置为主模块和从模块后,2 个模块就可以自由配对进行数据传输,非常适用于 2 个单片机之间的数据通信。

步骤 1:先将蓝牙模块的 AT 模式开关拨到 ON 这一端(见图 6-38),模块有一个 2 位拨码开关,1 号开关 LED Off 是 LINK 灯的开关,可以关闭 LINK 省电,拨到 ON 为开,拨到 1 端为关;2 号开关 AT Mode 是 AT 命令模式开关,拨到 ON 进入 AT 命令模式,拨到 2 端退出 AT 命令模式。

图 6-38 AT 开关

步骤 2:将 AT 模式开关插在 USB Serial to 串口上(见图 6-39),在连接的时候注意引脚,安装 USB to Serial 驱动。安装成功后,在设备管理器中将显示如图 6-40 所示的"Silicon Labs CP210x USB to UART Bridge(COM3)"串口。这个 COM 口是用来配置蓝牙模块的。

图 6-39 USB Serial to 串口

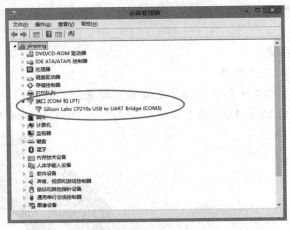

图 6-40 安装驱动

步骤 3:使用 AT 指令来配置蓝牙模块。

首先打开 Arduino IDE 自带的串口监视器,选择波特率为 38400,选择换行和回车模式 (Both NL&CR),如图 6-41 所示。

然后输入 AT(小写也可以)，点击发送，如图 6-42 所示。

图 6-41　设置波特率　　　　　　　　　图 6-42　进入 AT 模式

接下来需要配置蓝牙的角色，将这块蓝牙设置为从角色。设置命令为 AT+ROLE=0，点击发送；设置连接方式为 AT+CMODE=1；设置波特率为 AT+UART=9600，如图 6-43 所示。

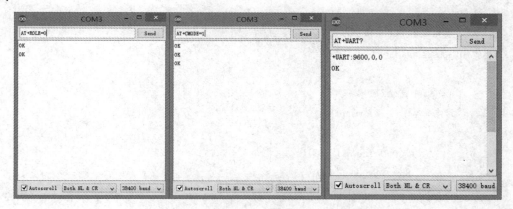

图 6-43　设置蓝牙角色和连接方式及波特率

查询蓝牙模块角色，可以使用"AT+ROLE?"，返回该角色的类型，如图 6-44 所示。

图 6-44　查询蓝牙角色

蓝牙配置完之后，将其 AT 模式的开关拨到 2。

到此为止，蓝牙配置已经完成，然后将其分别插到 Romeo 控制器的蓝牙端口即可。

4) 下位机程序编写

```
char a;
int E1 = 5;       //M1 Speed Control
int E2 = 6;       //M2 Speed Control
int M1 = 4;       //M1 Direction Control
int M2 = 7;       //M2 Direction Control
void setup()
{
   Serial1.begin(9600);
  pinMode(M1,OUTPUT);
  pinMode(E1,OUTPUT);
  pinMode(M2,OUTPUT);
  pinMode(E2,OUTPUT);
}
    void loop() {
if(Serial1.available()>0)
{
    a=Serial1.read();
    if (a=='w')      //forward
        {
            digitalWrite(M1,HIGH);
            digitalWrite(M2,LOW);
            analogWrite(E1,120);
            analogWrite(E2,120);
        }
        if (a=='s')     //back
        {
            digitalWrite(M1,LOW);
            digitalWrite(M2,HIGH);
            analogWrite(E1,120);
            analogWrite(E2,120);
        }
        if (a=='a')     //turn left
        {
            digitalWrite(M1,LOW);
            digitalWrite(M2,LOW);
            analogWrite(E1,0);
```

```
            analogWrite(E2,80);
        }
        if (a=='d')      //turn right
        {
            digitalWrite(M1,HIGH);
            digitalWrite(M2,HIGH);
            analogWrite(E1,80);
            analogWrite(E2,0);
        }
        if (a=='p')      //stop
        {
            digitalWrite(M1,HIGH);
            digitalWrite(M2,HIGH);
            analogWrite(E1,0);
            analogWrite(E2,0);
        }
    }
}
```

串口读取的数据是上位机发送过来的，与上位机中的程序相对应。

5) 使用步骤

(1) 在文件夹中选择"bluecar.apk"，将该应用软件安装到手机上。

(2) 打开手机蓝牙，将手机蓝牙与小车蓝牙相匹配。

(3) 将小车接上蓝牙，锂电池供电。

(4) 在应用程序界面中，点击"选择蓝牙"选择相应的蓝牙。连接成功之后，就可以使用我们的手机控制小车了。

(5) 手机点击前进、后退、左转、右转、停止按键对小车进行相应的控制。

附　　录

附录 1　ASCII 码表

代码	字符	代码	字符	代码	字符	代码	字符
0		32	[空格]	64	@	96	`
1		33	!	65	A	97	a
2		34	"	66	B	98	b
3		35	#	67	C	99	c
4		36	$	68	D	100	d
5		37	%	69	E	101	e
6		38	&	70	F	102	f
7		39	'	71	G	103	g
8		40	(	72	H	104	h
9		41	)	73	I	105	i
10		42	*	74	J	106	j
11		43	+	75	K	107	k
12		44	,	76	L	108	l
13		45	-	77	M	109	m
14		46	.	78	N	110	n
15		47	/	79	O	111	o
16		48	0	80	P	112	p
17		49	1	81	Q	113	q
18		50	2	82	R	114	r
19		51	3	83	S	115	s
20		52	4	84	T	116	t
21		53	5	85	U	117	u
22		54	6	86	V	118	v
23		55	7	87	W	119	w
24		56	8	88	X	120	x
25		57	9	89	Y	121	y
26		58	:	90	Z	122	z
27		59	;	91	[	123	{
28		60	<	92	\	124		
29		61	=	93	]	125	}
30		62	>	94	^	126	~
31		63	?	95	_	127	

附录 2　配件清单(教师用)

名　称	数　量
DFRduino UNO 控制板	1
xbee 传感器扩展板 V7	1
数字温湿度传感器 DHT11	1
环境光传感器模块	1
数字人体红外热释电运动传感器模块	1
红外遥控套件	1
MIC 声音传感器模块	1
气体传感器模块	1
10A 大电流继电器模块	1
数字按钮模块	1
数字蜂鸣器模块	1
火焰传感器	1
数字震动传感器	1
数码管模块	1
数字食人鱼红色 LED 发光模块	1
模拟角度传感器 V1	1
模拟压电陶瓷震动传感器	1
I2C LCD1602 液晶模块	1
TowerPro SG90 舵机	1
6 节 5 号电池盒	1
USB 线	1 根
单芯优质杜邦线	若干
MiniQ 4WD 教育机器人(切诺基版)	1
海盗船 4WD 小车机器人套件	1
红外避障传感器	3
巡线传感器	3
BLE-LINK 蓝牙 4.0	2
DF-BlueTooth V3	2
自动浇花套件	1

附录3 Arduino 自带样例功能目录

1. Basics
• BareMinimum: The bare minimum of code needed to start an Arduino sketch.
• Blink: Turn an LED on and off.
• DigitalReadSerial: Read a switch, print the state out to the Arduino Serial Monitor.
• AnalogReadSerial: Read a potentiometer, print it's state out to the Arduino Serial Monitor.
• Fade: Demonstrates the use of analog output to fade an LED.

2. Digital
• Blink Without Delay: blinking an LED without using the delay() function.
• Button: use a pushbutton to control an LED.
• Debounce: read a pushbutton, filtering noise.
• Button State Change: counting the number of button pushes.
• Tone: play a melody with a Piezo speaker.
• Pitch follower: play a pitch on a piezo speaker depending on an analog input.
• Simple Keyboard: a three-key musical keyboard using force sensors and a piezo speaker.
• Tone4: play tones on multiple speakers sequentially using the tone() command.

3. Analog
• AnalogInOutSerial: read an analog input pin, map the result, and then use that data to dim or brighten an LED.
• Analog Input: use a potentiometer to control the blinking of an LED.
• AnalogWriteMega: fade 12 LEDs on and off, one by one, using an Arduino Mega board.
• Calibration: define a maximum and minimum for expected analog sensor values.
• Fading: use an analog output (PWM pin) to fade an LED.
• Smoothing: smooth multiple readings of an analog input.

4. Communication
• ASCII Table: demonstrates Arduino's advanced serial output functions.
• Dimmer: move the mouse to change the brightness of an LED.
• Graph: send data to the computer and graph it in Processing.
• Physical Pixel: turn a LED on and off by sending data to your Arduino from Processing or Max/MSP.
• Virtual Color Mixer: send multiple variables from Arduino to your computer and read them in Processing or Max/MSP.
• Serial Call Response: send multiple vairables using a call-and-response (handshaking) method.

• Serial Call Response ASCII: send multiple variables using a call-and-response (handshaking) method, and ASCII-encode the values before sending.

• SerialEvent: Demonstrates the use of SerialEvent ().

• Serial input(Switch (case) Statement): how to take different actions based on characters received by the serial port.

• MIDI: send MIDI note messages serially.

• MultiSerialMega: use two of the serial ports available on the Arduino Mega.

5. Control Structures

• If Statement (Conditional): how to use an if statement to change output conditions based on changing input conditions.

• For Loop: controlling multiple LEDs with a for loop and.

• Array: a variation on the For Loop example that demonstrates how to use an array.

• While Loop: how to use a while loop to calibrate a sensor while a button is being read.

• Switch Case: how to choose between a discrete number of values. Equivalent to multiple If statements. This example shows how to divide a sensor's range into a set of four bands and to take four different actions depending on which band the result is in.

• Switch Case 2: a second switch-case example, showing how to take different actions based in characters received in the serial port.

6. Sensors

• ADXL3xx: read an ADXL3xx accelerometer.

• Knock: detect knocks with a piezo element.

• Memsic2125: two-axis acceleromoter.

• Ping: detecting objects with an ultrasonic range finder.

7. Display

• LED Bar Graph: how to make an LED bar graph.

• Row Column Scanning: how to control an 8 × 8 matrix of LEDs .

8. Strings

• StringAdditionOperator: add strings together in a variety of ways.

• StringAppendOperator: append data to strings.

• StringCaseChanges: change the case of a string.

• StringCharacters: get/set the value of a specific character in a string.

• StringComparisonOperators: compare strings alphabetically.

• StringConstructors: how to initialize string objects.

• StringIndexOf: look for the first/last instance of a character in a string.

• StringLength & StringLengthTrim: get and trim the length of a string.

• StringReplace: replace individual characters in a string.

• StringStartsWithEndsWith: check which characters/substrings a given string starts or ends with.

• StringSubstring: look for "phrases" within a given string.

附录 4　Arduino 库文件概述

Libraries
Examples from the libraries that are included in the Arduino software.

EEPROM Library
- EEPROM Clear : clear the bytes in the EEPROM.
- EEPROM Read : read the EEPROM and send its values to the computer.
- EEPROM Write : stores values from an analog input to the EEPROM.

Ethernet Library
- ChatServer : set up a simple chat server.
- WebClient : make a HTTP request.
- WebServer : host a simple HTML page that displays analog sensor values.
- PachubeClient : connect to Pachube.com, a free datalogging site.
- PachubeClientString : send strings to Pachube.com.
- BarometricPressureWebServer : outputs the values from a barometric pressure sensor as a web page.
- UDPSendReceiveString : Send and receive text strings via UDP.
- UdpNtpClient : Query a Network Time Protocol (NTP) server using UDP.
- DnsWebClient : DNS and DHCP-based Web client.
- DhcpChatServer : A simple DHCP Chat Server.
- DhcpAddressPrinter : Get an IP address via DHCP and print it out.
- TwitterClient : A Twitter client with Strings.
- TelnetClient : A simple Telnet client.

Firmata Libraries
- Guide to the Standard Firmata Library.

LiquidCrystal Library
- Hello World : displays "hello world!".
- Blink : control of the block-style cursor.
- Cursor : control of the underscore-style cursor.
- Display : quickly blank the display without losing what's on it.
- TextDirection : control which way text flows from the cursor.
- Scroll : scroll text left and right.
- Serial input : accepts serial input, displays it.
- SetCursor : set the cursor position.

- Autoscroll : shift text right and left.

SPI Library

- BarometricPressureSensor : read air pressure and temperature from a sensor using the SPI protocol.
- SPIDigitalPot : control a AD5206 digital potentiometer using the SPI protocol.

Servo Library

- Knob: control the shaft of a servo motor by turning a potentiometer.
- Sweep: sweeps the shaft of a servo motor back and forth.

Software Serial Library

- Software Serial Example : how to use the SoftwareSerial Library...Because sometimes one serial port just isn't enough!
- Two Port Receive : how to work with multiple software serial ports.

Stepper Library

- Motor Knob : control a highly accurate stepper motor using a potentiometer.

Wire Library

- SFRRanger_reader : read a Devantech SRFxx ultra-sonic range finder using I2C communication.
- digital_potentiometer: control a AD5171 digital pot using the Wire Library.
- master reader/slave sender : set up two (or more) arduino boards to share information via a master reader/slave sender configuration.
- master writer/slave reader : allow two (or more) arduino boards to share information using a master writer/slave reader set up.

参 考 文 献

[1] [美]John-David Warren(约翰-戴维·沃伦). Josh Adams. Arduino 机器人权威指南[M]. 北京：电子工业出版社，2014.

[2] 陈昌洲. Arduino 程序设计基础[M]. 2 版. 北京：北京航空航天大学出版社，2015.

[3] [英]Simon Monk，张佳进，陈立畅，等. Arduino 编程指南 75 年智能硬件程序设计技巧[M]. 北京：人民邮电出版社，2016.

[4] 程晨. 米思齐实战手册 Arduino 图形化编程指南[M]. 北京：人民邮电出版社，2016.

[5] 郑剑春，张少华. App Inventor 2 与机器人程序设计[M]. 北京：清华大学出版社，2016.